智能电气设备与自动化技术

刘静　宋娟娟　胡明星　著

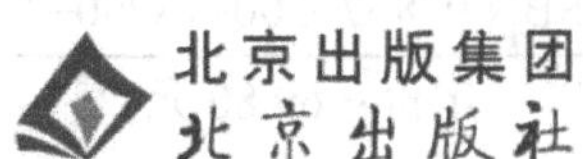

图书在版编目(CIP)数据

智能电气设备与自动化技术 / 刘静,宋娟娟,胡明星著. -- 北京 : 北京出版社, 2024.6. -- ISBN 978-7-200-18750-2

Ⅰ. TM

中国版本图书馆 CIP 数据核字 2024M1Z862 号

智能电气设备与自动化技术

著 刘 静 宋娟娟 胡明星

*

北京出版集团
北 京 出 版 社 出版

（北京北三环中路 6 号）

邮政编码：100120

网址：www.bph.com.cn

京版北教文化传媒股份有限公司总发行

全国各地书店经销

济南大地图文快印有限公司印刷

*

720 mm × 1000 mm 16 开本 14.75 印张 230 千字

2025 年 3 月第 1 版 2025 年 3 月第 1 次印刷

ISBN 978-7-200-18750-2

定价：69.80 元

☒ ☒ :(010)58572740 58572393

前　言

《智能电气设备与自动化技术》这本书涵盖了智能电气设备和自动化技术的各个方面，从基础概念到应用案例，从技术原理到经济性评估，全面而系统地介绍了智能电气设备的相关知识。

随着科技的不断发展和人们对生活质量要求的提升，智能电气设备在工业、家居和公共领域中的应用越来越广泛。为了更好地理解和掌握智能电气设备以及相关的自动化技术，这本书将系统地介绍智能电气设备的概念、特点、发展历程以及在各个领域中的应用。

智能电气设备作为当今工业领域的重要组成部分，具有高效、智能、安全等特点，对提升生产效率、降低能源消耗、改善产品质量等方面具有重要作用。本书将从理论到实践，深入浅出地介绍智能电气设备的相关知识以及自动化技术的基础知识和原理，旨在帮助读者全面了解和掌握智能电气设备及其应用的基本原理和技术方法。

通过本书的学习，读者可以全面了解智能电气设备和自动化技术的最新发展动态，提高对智能电气设备和自动化技术的理论水平和实践能力。

希望本书能够起到指导和启发作用，成为读者学习和研究智能电气设备领域的重要参考资料，为推动智能电气设备技术和自动化技术的发展做出贡献。

目　录

第一章　智能电气设备概述

第一节　智能电气设备的定义和特点

一、智能电气设备的定义

智能电气设备是指利用先进的信息技术和通信技术，以及智能化算法和控制策略，实现对电气设备的自动化、智能化管理和控制的一类电气设备。它们通过集成感知、计算、通信和控制功能，能够实时获取设备状态、进行数据分析和决策，并根据需要自动调整工作模式和参数，以提高设备的运行效率、安全性和可靠性。

二、智能电气设备的特点

（一）自动化控制

智能电气设备通过内置的传感器和控制器，实现对设备的自动化控制。它们能够实时监测设备运行状态和环境参数，并根据预设的控制策略自动调整工作模式和参数，以达到最佳的运行效果。这种自动化控制能力提高了设备的操作便捷性和效率，同时减少了人为错误的发生，确保设备稳定、高效地运行。

（二）远程监控与管理

智能电气设备具备远程监控和管理的能力。用户可以通过互联网和通信网络随时随地远程监控设备的运行状态和数据信息，进行故障诊断和维护管理。这种远程监控和管理方式极大地提高了设备的可操作性和管理效率，用户无需现场操作即可实时获取设备信息并采取必要的措施，从而快速响应和解决问题，降低设备故障对业务造成的影响。

（三）数据分析与决策支持

智能电气设备具备数据分析与决策支持的功能。它们可以实时采集和分析大量的设备运行数据，利用数据挖掘和分析算法提取有价值的信息，并为用户提供决策支持。通过对这些数据分析结果的理解，用户可以进行设备的故障预警、性能优化和能源管理等方面的决策。这种基于数据的决策支持使用户能够更加科学地管理设备，及时发现潜在问题并采取相应措施，以提高设备的可靠性、效率和节能性。

（四）自适应和学习能力

智能电气设备具备自适应和学习能力。它们可以根据环境和工作条件的变化，自动调整工作模式和参数，以适应不同的需求和场景。同时，通过机器学习和人工智能算法，智能电气设备可以从历史数据中学习和优化自身的控制策略，提高设备的性能和效率。这种自适应和学习能力使得智能电气设备能够不断适应变化的工作环境，并通过不断学习和优化提升自身的控制能力，进一步提高设备的运行效率、可靠性和智能化水平。

（五）多模式联动与互联互通

智能电气设备具备多模式联动与互联互通的能力。它们可以实现多个设备之间的联动和协调工作，形成一个整体的智能系统。通过通信网络的连接，这些设备可以相互交流、共享信息和资源，实现设备之间的协同工作和互联互通。这种多模式联动与互联互通的能力使得智能电气设备能够更加高效地协同运行，共同完成复杂的任务。同时，它们还可以通过共享数据和资源，实现更好的协同决策和优化控制，提高设备的整体性能和效率。

（六）安全可靠性

智能电气设备具有较高的安全性和可靠性。它们通过内置的安全控制和防护机制，能够实时监测和保护设备，防止设备故障或人为操作失误引发的事故和损失。智能电气设备还具备自动诊断和故障检测功能，能够及时发现并排除设备故障，提高设备的可用性和稳定性。这种安全可靠性保障了设备的正常运行和工作环境的安全，降低了事故风险，并提升了生产效率和运营效益。

第二节 智能电气设备的发展历程

随着信息技术和通信技术的迅速发展，智能电气设备作为一种利用先进技术实现自动化和智能化管理的电气设备，在过去几十年中取得了长足的发展。

一、早期自动化控制系统

早期的自动化控制系统主要依靠机械装置、电气传动和简单的逻辑控制方式来实现对电气设备的控制。在这些系统中，机械装置通常通过传动装置（如齿轮、皮带等）实现运动转换，而电气传动则利用电动机和开关等元件控制设备的启停和运行状态。

早期自动化控制系统还采用了简单的逻辑控制方式，如继电器逻辑控制。通过布线和继电器的组合，可以实现一些基本的控制功能，例如顺序控制和循环控制等。但是，这种简单的逻辑控制方式无法满足复杂生产环境下的高效控制需求，且调试和维护困难。

尽管早期自动化控制系统的控制策略相对简单，但它们为后来的智能电气设备的发展奠定了基础。这些系统的出现为工业生产提供了自动化解决方案，为后续的技术创新和发展铺平了道路。随着信息技术和通信技术的进步，智能电气设备得以迅速发展，并实现了更高级别的自动化和智能化控制。

二、可编程逻辑控制器（PLC）的引入

20 世纪 70 年代，可编程逻辑控制器（PLC）的引入标志着自动化控制系统进入了一个新的阶段。PLC 是一种基于微处理器的控制设备，通过编程实现对电气设备的控制和监控。

相比于传统的继电器控制系统，PLC 具有以下优势：

PLC 具备更高的灵活性和扩展性。通过编程，用户可以根据具体需求灵活地配置和修改控制策略，无需再进行繁琐的布线和继电器连接。

PLC 提供了更多的控制功能和算法支持。它可以集成多种控制模块，如计时器、计数器、模拟量控制等，以满足不同应用场景下的控制需求。PLC 还支持复杂的逻辑运算和算术运算，使得控制策略更加灵活和精确。

PLC 的维护和升级也变得更加便捷。由于控制逻辑存储在内部存储器中，用户可以随时对程序进行修改和更新，而无需重新布线。这大大简化了系统的维护工作，提高了系统的可靠性和可维护性。

因此，可编程逻辑控制器（PLC）的引入使得自动化控制系统的开发更加灵活和高效。它提供了更多的控制功能、算法支持以及便捷的维护、升级方式，为电气设备的控制和监控带来了重要的突破和改进。随着技术的不断发展，PLC 在工业自动化领域得到了广泛应用，并成为现代智能电气设备的关键组成部分之一。

三、现场总线技术的应用

现场总线技术的应用是为了解决电气设备数量增加和控制需求复杂化带来的挑战。通过现场总线技术，可以将不同的电气设备通过一根通信线路连接在一起，实现数据的共享和交互。

通过现场总线技术，各个电气设备可以直接与总线连接，通过总线进行数据传输和通信。这种方式极大地简化了设备之间的连接布线，减少了所需的物理接线数量和长度，降低了系统的复杂性和成本。

同时，现场总线技术提供了高效的数据传输和通信机制。不仅可以实现设备之间的实时数据交换，还能够支持命令和控制信息的传递。这使得设备之间可以共享信息和资源，实现更高级别的协同工作和集成控制。

现场总线技术还具备灵活性和可扩展性。通过总线的配置和编程，可以方便地添加或移除设备，实现系统的灵活扩展和调整。同时，总线上的设备可以根据需要进行配置和参数设置，以满足不同应用场景下的需求。

四、人机界面的改进

随着计算机技术的迅猛发展，人机界面得到了极大的改善，从简单的按钮和指示灯逐渐演变为更直观友好的操作方式。这些改进使得操作者能够更方便地与智能电气设备进行交互和监控。

一项重要的改进是触摸屏技术的引入。触摸屏取代了传统的物理按钮和开关，通过直接触摸屏幕上的图标、按钮等元素，用户就可以进行各种操作和输入。触摸屏的出现大大简化了人机交互过程，提供了更直观、灵活和高效的操作体验。

图形界面（GUI）的广泛应用也为人机界面的改进做出了贡献。图形界面通过使用图形、图标、菜单等可视化元素，以及鼠标或触摸屏的操作，使得用户能够更直观地与智能电气设备进行交互。用户可以通过点击、拖拽、滑动等操作完成各种任务，而无需记忆复杂的命令或指令。

声音和语音识别技术的发展也为人机界面的改进提供了新的可能性。通过声音提示、语音等方式，用户可以更直观地与智能电气设备进行沟通和控制。

这些人机界面的改进使得操作者能够更方便、快捷地与智能电气设备进行交互和监控。直观友好的界面设计提高了操作的易用性和效率，减少了误操作和学习成本。随着技术的不断发展，人机界面将继续演进，为智能电气设备的使用带来更多便利和创新。

五、传感器技术的进步

传感器技术的进步为智能电气设备的发展带来了重要的技术支持和推动力。新型传感器的出现丰富了智能电气设备的感知能力，使其能够实时获取环境参数和设备状态信息。

例如，温度传感器可以准确地测量环境或设备的温度变化，提供实时的温度数据。湿度传感器可以监测环境中的湿度水平，为设备运行提供湿度控制依据。压力传感器可以测量液体、气体等介质的压力变化，用于控制和保护设备。

除了上述传感器，还有光照传感器、加速度传感器、振动传感器等，它们都扩展了智能电气设备的感知范围。这些传感器通过将物理量转换为电信号，将实际环境与智能电气设备连接起来。

传感器所提供的数据为后续的数据分析和决策支持打下了基础。通过对传感器采集到的数据进行处理和分析，智能电气设备可以实现故障诊断、性能优化、能源管理等功能。这些数据分析结果可以为用户提供实时的设备状态和运行信息，帮助用户做出及时的决策和调整。

因此，传感器技术的进步为智能电气设备的发展提供了强大的技术支持。它们丰富了智能电气设备的感知能力，使其能够获取更多的环境参数和设备状态信息，并通过数据分析和决策支持功能，提高设备的运行效率、可靠性和智能化水平。随着传感器技术的不断创新和发展，智能电气设备将迎来更广阔的应用前景。

六、数据通信和云计算的兴起

随着互联网和通信技术的飞速发展，数据通信和云计算成为智能电气设备发展的重要驱动力。通过互联网和通信网络，智能电气设备可以实现远程监控和管理。

数据通信技术使得智能电气设备能够与其他设备和系统进行实时的数据交换和通信。通过将智能电气设备连接到互联网或局域网，用户可以随时随地远程监控设备的运行状态、数据信息和报警情况。这种实时的数据通信为用户提供了更全面、及时的设备信息，帮助他们做出快速的决策和响应。

云计算技术为智能电气设备的数据存储和处理提供了便捷和高效的解决方案。云计算基于大规模的数据中心，能够提供强大的计算和存储能力，以及灵活的服务和资源调配。通过将智能电气设备的数据上传到云端，用户可以利用云计算平台进行数据分析、挖掘和建模，从而获取更深入的洞察和决策支持。

通过数据通信和云计算，智能电气设备可以实现远程监控和管理，用户可以随时随地获取设备状态和数据信息，并进行远程控制和决策。这种远程监控和管理方式大大提高了设备的可操作性和管理效率，同时降低了人为错误的发生。智能电气设备可以与其他设备和系统实现互联互通，共享信息和资源，形成一个更加智能、协同的工作环境。随着互联网和通信技术的不断进步，数据通信和云计算将继续推动智能电气设备的创新和发展。

七、人工智能的应用

近年来，人工智能技术的快速发展为智能电气设备带来了新的机遇。通过机器学习、深度学习等人工智能算法的应用，智能电气设备能够不断优化自身的控制策略，提高设备的性能和效率。

人工智能技术可以帮助智能电气设备进行数据分析和预测。通过对大量历史数据的学习和分析，智能电气设备可以识别出隐藏在数据背后的规律和趋势，从而实现故障预警、性能优化等功能。例如，智能电网中的负荷预测模型可以通过学习历史数据，准确地预测未来的负荷情况，以便进行合理的调度和管理。

人工智能技术还可以帮助智能电气设备进行自主决策和优化控制。通过深度学习和强化学习等算法，智能电气设备可以根据实时的环境信息和目标要求，自动调整工作模式和参数，以实现最佳的运行效果。这种自主决策和优化控制使得智能电气设备更加灵活和智能化，能够适应不同的工作场景和需求。

人工智能技术还可以帮助智能电气设备进行故障诊断和维修。通过训练模型和算法，智能电气设备可以分析设备运行数据，检测和识别潜在的故障模式，并提供相应的解决方案和建议。这有助于减少设备故障对生产和业务造成的影响，提高设备的可靠性和可用性。

八、智能电网和能源管理的兴起

随着能源需求的增长和能源管理的重要性日益凸显，智能电气设备在智能电网和能源管理方面发挥着重要作用。

智能电表的普及为能源管理带来了革命性的改变。传统的电表只能提供总体用电量的统计信息，而智能电表通过采集实时数据，能够提供更精确的电能测量和监控。它们可以记录每个用户的用电情况，帮助用户了解和管理自身的能源消耗，促使用户采取节能措施，并提供定制化的能源服务。

智能配电箱等设备的应用使得能源管理更加细致和智能化。智能配电箱可以实时监测和控制电路的负荷、功率因数等参数，实现对电能的精细化管理。这种智能化的配电系统可以根据实际需求进行动态调整，优化能源分配和使用效率，降低能源浪费。

智能电网的建设也为能源管理带来了新的机遇和挑战。智能电网通过将传统的电力系统与信息通信技术相结合，实现了对电网的实时监控、数据传输和控制。这使得能源的生产、传输和耗费更加智能化和灵活化，能够更好地适应不同的能源需求和发展模式。

第三节　智能电气设备在工业领域中的应用

智能电气设备作为一种利用先进技术实现自动化和智能化管理的电气设备，在工业领域中得到了广泛的应用。下面将从生产线控制、设备监测与维护、能源管理以及安全保护等方面，详细介绍智能电气设备在工业领域中的应用。

一、生产线控制

在工业生产中，智能电气设备在生产线控制方面发挥着重要作用。通过集成 PLC（可编程逻辑控制器）、传感器、执行机构等装置，智能电气设备可以实现对生产过程的高效控制和监控，提高生产效率、降低成本并确保产品质量。

（一）自动化控制

智能电气设备的核心部分是 PLC，它可以根据预先编写的程序自动控制设备的运行。通过与传感器的配合，PLC 可以实时感知生产环境中的各种参数，如温度、压力、速度等，并根据设定的规则和逻辑进行判断和决策。根据生产需求，智能电气设备可以自动调整生产线的运行速度、产品配比和工艺参数，以实现灵活生产和高效运作。

（二）实时监控和数据采集

智能电气设备通过传感器实时监测生产线上的各个关键节点和关键参数。例如，温度传感器可以监测设备的温度变化，压力传感器可以监测设备的压力变化等。这些传感器将收集到的数据传输给 PLC，并进行实时处理和分析。通过对数据的分析，智能电气设备可以判断设备是否正常运行、是否存在异常情况，并及时发出警报。

（三）故障诊断和预测维护

智能电气设备可以通过分析传感器收集到的数据来进行故障诊断和预测维

护。当设备出现故障或异常时，智能电气设备可以根据设定的规则和算法进行故障诊断，并提供相应的解决方案。通过对历史数据的分析，智能电气设备可以预测设备可能出现的故障，提前采取维护措施，减少停机时间和生产损失。

（四）质量控制与优化

智能电气设备可以帮助企业实现精确的质量控制和优化。通过传感器监测产品参数，智能电气设备可以实时检测产品的质量指标，并根据设定的标准进行判断和控制。同时，通过数据分析和反馈机制，智能电气设备可以及时调整工艺参数，优化生产过程，提高产品的一致性和稳定性。

（五）灵活生产和追溯管理

智能电气设备可以实现生产线的灵活调度和追溯管理。通过 PLC 的编程，智能电气设备可以根据订单需求自动调整生产线的排程和优先级，实现快速切换和灵活生产。智能电气设备还可以将生产数据和过程参数与产品进行关联，并建立追溯管理系统，以实现对产品质量和生产过程的可追溯性。

二、设备监测与维护

在工业生产中，智能电气设备在设备监测与维护方面发挥着关键作用。通过连接传感器和监控系统，智能电气设备可以实时监测设备的状态和性能，及时发现异常情况并采取相应的维护措施，从而保证设备的正常运行和延长设备的寿命。

（一）实时监测

智能电气设备通过连接各种传感器，如振动传感器、温度传感器、压力传感器等，实时监测设备的运行状态。例如，振动传感器可以检测设备振动的频率和幅度，以便判断设备是否存在机械故障或不平衡；温度传感器可以监测设备的温度变化，及时发现过热或过冷的情况。通过实时监测，智能电气设备可以获取设备的工作状态数据，并将其传输到监控系统进行处理和分析。

（二）异常检测和警报

当智能电气设备检测到设备的运行状态异常时，它可以通过与监控系统的联动，向操作人员发送警报通知。例如，如果振动传感器检测到设备的振动频率超过预设阈值，智能电气设备将发出警报，提示操作人员设备可能存在故障或异常情况。通过及时的异常检测和警报，智能电气设备帮助企业快速响应，并采取相应的维护措施，避免设备故障导致的生产停机和损失。

（三）远程监控和维护

智能电气设备还可以通过远程访问和数据传输，实现对设备的远程监控和维护。通过网络连接，智能电气设备可以将设备的状态数据传输到远程监控系统，操作人员可以通过云平台或移动设备实时查看设备的运行状态和性能指标。通过远程访问，操作人员还可以进行远程操作和维护，如调整设备参数、重启设备等。这种远程监控和维护方式大大减少了人工巡检和维修的成本和时间，提高了设备的可靠性和生产效率。

（四）数据分析和预测维护

智能电气设备通过采集和分析设备的历史数据，可以进行数据分析和预测维护。通过建立模型和算法，智能电气设备可以预测设备可能出现的故障和维护需求。通过提前采取维护措施，如更换零部件、润滑设备等，可以避免设备故障造成的生产停机和损失。智能电气设备还可以根据数据分析结果优化设备的运行参数，以提高设备的效率和性能。

（五）维护记录和报告

智能电气设备可以自动记录设备的维护历史和维护操作，生成相应的维护报告。这些报告包括设备的维护时间、维护内容、维护人员等信息，有助于企业进行维护管理和追溯。通过维护记录和报告，企业可以了解设备的维护情况，及时进行维护和资源调配。

三、能源管理

在能源管理方面，智能电气设备通过智能电表、智能配电箱等设备的应用，企业可以实时监测和管理能源消耗，优化能源利用效率，降低能源成本，并为可持续发展做出贡献。

（一）智能电表

智能电表是一种具有数据采集和通信功能的电能计量装置。它可以精确测量电能使用情况，并提供详尽的能源数据。智能电表可以记录每个用户的用电情况，包括总体用电量、峰值负荷、功率因数等指标。这些数据对于企业进行能源消耗分析、节能改造和费用管理至关重要。

（二）负荷监测与优化

智能配电箱可以实时监测负荷状态，并根据实际需求进行负荷优化和能源分配。通过传感器监测负荷变化和电力参数，如电流、电压、功率因数等，智能配电箱可以判断设备的运行情况和能源消耗。根据这些数据，智能配电箱可以实现负荷均衡，避免设备过载或不平衡，提高能源利用效率。

（三）数据分析与节能策略

智能电气设备通过采集和分析能源数据，帮助企业制定节能策略。通过对能源消耗数据的分析，智能电气设备可以识别出能源浪费的问题和潜在的节能机会。例如，它可以发现能源使用效率低下的设备，并提供改进建议。智能电气设备还可以结合实时负荷和电价信息，制定合理的用电计划，避免高峰时段的用电峰值，降低能源成本。

（四）能源监控与报警

智能电气设备可以实时监控能源消耗情况，并提供报警功能。当能源消耗超过预设阈值时，智能电气设备可以发出警报通知，提示企业及时采取相应的措施。这有助于企业快速响应和调整能源使用策略，减少能源浪费和成本。

（五）可持续能源管理

智能电气设备还可以支持可持续能源的管理和应用。通过监测可再生能源的产生和消耗情况，智能电气设备可以协助企业合理利用太阳能、风能等可再生能源，降低对传统能源的依赖。智能电气设备还可以与能源储存系统结合，实现对能源的存储和调度，提高能源利用效率。

四、安全保护

在工业领域中，智能电气设备在安全保护方面扮演着重要的角色。通过监测和控制，智能电气设备可以帮助企业预防事故、减少损失，并确保员工和设备的安全。

（一）环境监测与报警

智能电气设备可以实时监测环境中有害物质的浓度，如气体传感器可以检测可燃气体或有毒气体的泄漏，烟雾传感器可以检测烟雾浓度。当检测到异常情况时，智能电气设备会触发报警系统，发出声信号或光信号，并将警报信息传输给相应的人员，以及时采取安全措施，避免事故的发生。

（二）设备运行状态监测与控制

智能电气设备可以监测设备的运行状态，例如温度、压力、振动等参数。通过传感器的实时监测，智能电气设备能够检测设备是否存在异常运行情况，如过高的温度、超出正常范围的压力或振动。一旦发现异常，智能电气设备会发出警报，并采取相应的控制措施，如自动停机、降低负荷等，以避免设备故障或事故的发生。

（三）安全控制与紧急停机

智能电气设备可以实现对工业设备的安全控制。通过集成安全开关和紧急停机按钮，智能电气设备可以监测操作人员的安全状态，并在检测到危险情况时立即执行紧急停机指令，切断电源，确保人员的安全。

（四）视频监控与访问控制

智能电气设备还可以与视频监控系统和访问控制系统进行集成，以进一步提升安全性。通过视频监控，智能电气设备可以实时监视工作区域，监测潜在的安全隐患和异常行为。同时，智能电气设备可以与访问控制系统结合，限制未经授权人员的进入，确保只有具备权限的人员才能接触到关键设备和区域。

（五）数据记录与分析

智能电气设备可以自动记录设备的运行数据和安全事件，包括设备运行时间、故障记录、报警信息等。这些数据可以用于事故调查和安全分析，帮助企业识别潜在的安全风险，并采取相应的改进措施，提高工作场所的安全性。

五、数据分析与优化

通过采集和分析生产过程中的大量数据，智能电气设备可以帮助企业识别问题、改进流程并提供优化建议，为企业提供更好的决策支持。

（一）数据采集与监测

智能电气设备可以实时采集和监测生产过程中的各种数据，包括温度、压力、湿度、电流、功率等参数。这些数据以高精度和高频率进行采集，为后续的数据分析提供了可靠的基础。

（二）数据分析与识别问题

通过对采集到的数据进行分析，智能电气设备可以识别生产线上的潜在问题和瓶颈。例如，通过分析设备运行状态数据，智能电气设备可以检测设备故障或异常，并及时发出警报，以避免停机损失。通过分析生产数据，如生产速度、质量指标等，智能电气设备可以判断生产过程中的不良情况和瓶颈环节，为企业提供改进的方向和策略。

（三）优化建议与预测模型

基于数据分析的结果，智能电气设备可以提供优化建议和预测模型。例如，通过对生产数据的分析，智能电气设备可以识别出生产效率低下的环节，并提供改进建议，如调整工艺参数、优化生产顺序等。智能电气设备还可以构建预测模型，根据历史数据和趋势进行预测，以帮助企业做出合理的生产计划和资源调配。

（四）与 ERP 系统的集成

智能电气设备可以与企业的 ERP（企业资源规划）系统进行集成，实现数据共享和协同工作。通过与 ERP 系统的集成，智能电气设备可以将采集到的数据与企业的生产计划、库存管理等信息进行关联，实现数据的一体化管理和综合分析。这样，企业可以更好地掌握生产线上的情况，及时进行调整和优化，提高生产效率和资源利用效率。

（五）实时监控与反馈

智能电气设备可以实现对生产过程的实时监控和反馈。通过连接传感器和监控系统，智能电气设备可以实时监测各个环节的数据，并将监测结果反馈给操作人员。这样企业就可以快速了解生产过程的状况，并及时采取措施，以保证生产线的正常运行和优化。

第二章 自动化技术基础

第一节 自动化技术的概念和分类

自动化技术是指利用各种先进的技术手段和方法，使工作过程、生产过程或管理过程在不需要人为干预的情况下，能够自动完成或实现的一种技术。它可以提高工作效率、降低成本、减少人力资源的投入，并且具有高度可靠性和稳定性。

根据自动化程度和应用领域的不同，自动化技术可以分为以下几类：

一、工业自动化

工业自动化是指将自动化技术应用于工业生产过程中，以实现生产过程的自动化、智能化和高效化。

（一）自动化生产线

自动化生产线是工业生产中的重要组成部分，它通过将各种生产设备和机器人连接在一起，借助传感器、执行器和控制系统进行自动控制，实现产品的连续生产和加工。自动化生产线的应用可以大幅度提高生产效率和质量，同时降低劳动力成本。在各个行业中都有广泛的应用，尤其在汽车制造、电子制造等领域发挥着重要的作用。

自动化生产线由多个环节组成，每个环节都有相应的自动化设备和工艺流程。以下将介绍自动化生产线的几个关键环节：

1.进料与物料搬运

自动化生产线的第一步是进料与物料搬运。这一环节通常使用自动输送带、自动堆垛机、机械手等设备，将原材料或零件从仓库或供应链上运送到生产线上的指定位置。这些设备能够根据预定的程序和信号自动识别，抓取和搬运物料，提高物料的处理速度和准确性。

2.加工与装配

在自动化生产线中，加工与装配这一环节涉及各种机床、焊接机器人、装配设备等。通过将这些设备连接在一起，并利用控制系统进行自动化控制，可以实现产品的连续加工和装配。生产线上的各个设备能够按照预定的程序和工艺要求，自动完成加工、焊接、装配等操作，提高生产效率和产品质量。

3.检测与质量控制

在检测与质量控制环节中，使用各种传感器和检测设备对产品进行在线检测和质量控制。例如，利用视觉传感器可以对产品外观进行检测，利用压力传感器可以监测产品的密封性能。通过将这些传感器与控制系统相连，可以实现对产品质量的实时监测和控制，确保产品符合标准要求。

4.包装与出货

自动化生产线最后一个环节是包装与出货。在这个环节中，使用自动包装机、码垛机等设备对产品进行包装和整理，然后将其送往仓库或出货区域。这些设备能够根据产品的特性和包装要求，自动完成包装、封箱、标识等操作，提高包装效率和产品的整体形象。

（二）机器人技术

机器人技术是一种能够根据预定程序完成工作的自动化设备。在工业生产中，机器人广泛应用于装配、焊接、喷涂、搬运等环节。它们具有高度的灵活性和精确性，能够承担繁重、危险或重复性工作，从而提高生产效率和产品质量，并保障员工的安全。

工业机器人通过使用各种传感器和执行器来感知周围环境和操作。它们可以根据预先编程的指令，执行各种复杂的任务，并根据需要进行调整和优化。这些机器人通常由多个关节组成，使其能够在各种空间中自由移动和操作。通过使用高精度的传感器和先进的控制系统，机器人能够实现非常精确的动作和操作，从而提高生产效率和准确性。

工业机器人的应用范围非常广泛。例如，在汽车制造业中，机器人可以完成车身焊接、零部件装配等工作，大大提高了生产效率和产品质量；在电子行业中，机器人可以完成电路板组装和测试等工作，提高了生产效率和稳定性。机器人还被广泛应用于医疗、物流、农业等领域，为各行各业提供了更高效、安全和可靠的解决方案。

随着技术的不断发展，机器人技术也在不断进步。新一代机器人具有更强大的计算能力、更先进的传感器和更智能的控制系统。例如，机器人可以通过机器视觉系统进行图像识别和物体抓取，实现更精确的操作。同时，机器人也越来越注重与人类的协作，通过人机交互接口和合作机制，实现更高效的工作流程。

（三）计算机集成制造系统（CIMS）

计算机集成制造系统（CIMS）是将计算机技术与制造工艺相结合的一种先进生产管理系统。通过利用计算机网络、数据库和软件应用，CIMS 能够实现对生产过程的全面监控、调度和优化，从而提高生产效率和资源利用率。

CIMS 的核心目标是实现生产计划的自动编制和调整。借助计算机的强大计算能力和智能算法，CIMS 可以根据订单需求和生产能力，自动生成最优的生产计划，并对其进行实时调整。这不仅可以减少人工干预的错误和延误，还能够最大限度地提高生产效率和资源利用率。

CIMS 还能够实现工艺参数的自动控制。通过连接传感器和执行器，CIMS 可以实时监测和调整生产过程中的各项参数，确保产品质量的稳定性和一致性。例如，在汽车制造中，CIMS 可以监控焊接温度和时间，保证焊接质量符合标准。这种自动控制不仅提高了生产效率，还减少了人为因素对产品质量的影响。

CIMS 还可以实现库存管理的自动化。通过与供应链管理系统的连接，CIMS 可以实时掌握原材料和成品库存情况，并根据生产计划进行自动调拨和补货。这样可以避免过多或不足的库存现象，减少了库存成本和资源浪费。

CIMS 可以应用于各种制造行业，包括汽车、电子、机械等。在汽车制造中，CIMS 可以实现整个汽车生产线的智能化管理，从零部件供应到整车装配，全程监控和优化生产过程。在电子行业中，CIMS 可以实现电路板组装和测试的自动化控制，提高了生产效率和稳定性。

（四）计算机辅助设计与制造（CAD/CAM）

计算机辅助设计与计算机辅助制造（CAD/CAM）是将计算机技术应用于产品设计和制造过程中的一种先进技术。CAD 用于辅助产品的三维建模和设计，CAM 则用于将设计好的产品模型转化为可执行的加工程序，实现产品的自动化制造。CAD/CAM 可以大幅度缩短产品开发周期，提高产品设计的精度和灵活性，同时实现生产过程的自动化和集成化。

在 CAD 方面，计算机辅助设计使得产品设计变得更加快捷、准确和灵活。通过 CAD 软件，设计人员可以使用图形界面进行三维建模，快速创建产品模型，并对其进行修改和优化。CAD 软件还提供了各种设计工具和功能，如装配分析、运动仿真等，帮助设计人员预测产品性能和优化设计方案。CAD 还支持多人协同设计，不同团队成员可以同时进行设计工作，提高了工作效率和沟通便利性。

在 CAM 方面，计算机辅助制造使得产品的制造过程更加智能化和高效化。CAM 软件可以将 CAD 设计好的产品模型转化为可执行的加工程序，控制机床进行自动化加工操作。这样可以避免人工操作的误差和延误，提高了产品加工的准确性和一致性。CAM 还可以优化加工路径、控制刀具轨迹等，提高了加工效率和质量。

CAD/CAM 技术可以应用于各种制造行业，如汽车、航空航天、电子等。在汽车制造中，CAD/CAM 技术可以实现整个汽车生产过程的数字化管理，从设计到制造再到装配，全程自动化和集成化。在航空航天领域，CAD/CAM 技术可以辅助飞机零部件的设计和制造，提高了产品的精度和可靠性。

二、农业自动化

农业自动化的目标是通过引入自动化技术和设备，提高农业生产效率、产品质量和资源利用率，同时减少劳动力成本和人为因素对农业生产的影响。

（一）农业机械自动化

农业机械自动化是指通过引入自动化技术和设备，实现农业操作的自动化执行和控制。它可以应用于耕地、播种、施肥、喷洒和收割等农业过程，以提高农作物的生产效率和品质稳定性。

在农业机械自动化中，各种智能化设备和系统被应用于不同的农业环节。以下是一些典型的应用示例：

1.自动化耕地

农业机械自动化可以通过自动导航和传感器技术，实现土地的自动耕作。例如，自动驾驶拖拉机可以根据预设路径和传感器反馈信息，精确进行犁地、平整和深松等操作，提高土壤质量和改善作物生长环境。

2.自动化播种和施肥

自动化播种系统可以根据作物的要求和设计方案，自动将种子或幼苗精确地放置在适当的位置。同时，自动化施肥系统可以根据土壤分析和作物需求，智能地控制施肥量和时机，确保养分的均衡供应和最佳利用。

3.自动化喷洒和灌溉

自动化喷洒系统可以根据作物生长阶段、病虫害情况和气象条件等参数，智能地控制农药或农业化学品的喷洒量和喷洒时机。自动化灌溉系统可以通过传感器监测土壤湿度和作物需水量，实现精确的灌溉调控，提高水资源利用效率。

4.自动化收割和采摘

自动化收割和采摘系统可以通过视觉识别和机械臂操作，实现对农作物的自动收割和采摘。这种自动化操作不仅可以提高工作效率和减轻劳动强度，还可以保证收割和采摘的质量和一致性。

农业机械自动化的优势在于它可以减少人为因素对农业操作的影响，降低劳动力成本，并提供更加可靠和精确的操作执行。还可以减少对环境的污染和资源的浪费，促进农业的可持续发展。

（二）温室自动化

温室自动化是指利用自动化技术和设备，对温室内的环境参数进行自动调节和控制，以满足作物生长的需求。通过使用传感器、执行器和自动控制系统，温室自动化可以实现温度、湿度、光照和通风等环境参数的精确控制。同时，温室自动化还可以实现作物的自动灌溉和肥料供应、病虫害监测等功能，提高温室作物的产量和质量。

在温室自动化中，各种智能化设备和系统被应用于不同的环境参数控制和作物管理。以下是一些典型的温室自动化应用：

1.温度控制

温室自动化系统可以根据作物生长的需要，通过温度传感器和自动控制系统，实现温室内温度的自动调节。例如，在夏季高温时，系统可以启动降温装置，如风机或喷淋系统，以保持温室内的适宜温度。

2.湿度控制

湿度对于温室作物的生长非常重要。温室自动化系统可以通过湿度传感器和加湿器、排湿器等设备，自动调节温室内的湿度。这有助于提供适宜的湿度环境，避免作物受到病害或干旱的影响。

3.光照控制

光照是植物生长和发育的重要因素。温室自动化系统可以通过光照传感器和灯光控制装置，实现对温室内光照强度和周期的精确控制。这有助于满足不同作物对光照需求的变化，并延长日照时间以促进植物的生长。

4.通风控制

良好的通风对于温室内气体交换和温度调节非常重要。温室自动化系统可以通过风速传感器和通风设备，如风机或窗户开闭装置，实现温室内空气流通的自动调节。这有助于排除有害气体、保持适宜的温度和湿度，并促进作物健康生长。

5.自动灌溉和肥料供应

温室自动化系统可以根据作物的需水量和养分需求，通过土壤湿度传感器和自动灌溉设备、肥料供应装置，实现对作物的自动灌溉和养分供应。这可以确保作物得到充足的水分和养分供应，提高生长效果和产量。

6.病虫害监测

温室自动化系统可以通过摄像头和图像识别技术，实时监测温室内的病虫害情况。一旦发现异常，系统可以及时报警并采取相应措施，如喷洒农药或调整环境参数，以保护作物免受病虫的侵害。

温室自动化的优势在于提高了温室作物的产量、品质和稳定性。它能够精确地控制温度、湿度、光照和通风等环境参数，创造适宜的生长条件。同时，自动化的灌溉和肥料供应能够满足作物的水分和养分需求，减少资源浪费。自动化病虫害监测和控制有助于及时发现和处理病虫害问题，降低损失并提高温室作物的健康状况。

（三）牧场自动化

牧场自动化是指利用自动化技术和设备，对牧场中的动物饲养和管理过程进行自动化控制和监测。它可以应用于奶牛场、禽类养殖场等不同类型的畜牧业场所。通过使用自动喂食设备、自动挤奶系统和健康监测装置等，牧场自动化可以实现对动物饲料、水源、体温和健康状况的实时监测和管理，提高畜牧业的生产效益和动物福利。

以下是牧场自动化的几个重要方面：

1.自动喂食

牧场自动化系统可以通过使用自动喂食设备，根据动物的需求和饲料配方，实现定量和定时的饲料供给。这有助于确保动物获得充足的营养，并避免浪费或过度喂养。

2.自动挤奶

在奶牛场中，自动挤奶系统可以通过感应器和机械臂等设备，实现对奶牛的自动挤奶。这样可以提高挤奶效率、保证乳品质量的稳定性，并减轻人工操作的劳动强度。

3.健康监测与管理

牧场自动化系统可以使用传感器和监测装置，实时监测动物的体温、呼吸频率、运动情况等健康指标。通过分析这些数据，可以及时发现患病动物或异常情况，并采取相应的治疗或预防措施。

4.数据管理与分析

通过牧场自动化系统收集的大量数据可以进行存储、分析和管理。通过对数据的分析，可以了解动物的生长情况、饮食习惯和健康状况等，为决策提供科学依据。

随着技术的进步和应用的普及，农业自动化将在未来继续发挥重要作用，推动农业向智能化、绿色化和可持续发展的方向发展。

三、交通运输自动化

交通运输自动化是指将自动化技术应用于交通运输领域，实现交通系统的智能化和自动化控制。它涵盖了多个方面，包括自动驾驶汽车、智能交通系统、无人机物流等。以下是交通运输自动化的几个重要方面：

（一）自动驾驶汽车

自动驾驶汽车是一种利用感知系统、决策算法和执行装置等实现车辆自主驾驶的交通工具。通过使用传感器和计算机视觉技术，自动驾驶汽车能够识别和理解道路环境，并根据交通规则和路径规划算法进行自主决策和操作。这项技术的应用有望提高交通安全性、缓解交通拥堵问题，以及降低能源消耗。

自动驾驶汽车依靠多种传感器来获取周围环境的信息，包括激光雷达、摄像头、超声波传感器和雷达等。通过这些传感器，车辆可以实时监测并感知道路上的车辆、行人、交通信号灯和道路标志等。随后，感知系统会将这些数据传输到计算机系统中进行处理和分析。

在计算机系统中，使用了先进的计算机视觉技术和深度学习算法，对感知系统获取的数据进行图像处理和物体识别。通过这些技术，自动驾驶汽车能够准确地识别和分类不同的道路元素，如车辆、行人、路标和交通信号灯等。

基于对道路环境的感知和识别，自动驾驶汽车能够进行智能决策和规划行驶路径。它会根据交通规则、实时交通信息和预设的目的地，确定最优的行驶路线，并进行速度和转向控制。

自动驾驶汽车还依靠执行装置来实施决策产生的操作。这包括电动转向系统、电动油门和电动制动系统等。通过这些装置，自动驾驶汽车可以准确地执行所需的转向、加速和刹车操作，以保证安全和稳定的行驶。

（二）智能交通系统

智能交通系统是一种利用信息和通信技术来监测、控制和管理交通流量的系统。通过采用传感器、摄像头以及无线通信设备等先进技术，智能交通系统能够实时收集和分析各种交通数据，如交通流量、车速以及道路状况的其他数据等。

借助这些数据，智能交通系统可以进行交通信号优化、路线规划以及交通事故预警等操作，从而提高整体交通效率和安全性。

智能交通系统通过监测交通流量和车速，能够实时了解道路的拥堵情况和交通状况。系统可以根据数据的变化，调整交通信号灯的时序，优化交通流动，减少交通阻塞和拥堵。这样不仅可以缓解交通压力，还能够节约出行时间和燃料消耗。

智能交通系统还能够根据实时交通数据进行路线规划和导航。通过分析交通状况和道路拥挤程度，系统可以为驾驶员提供最佳的行车路线，避开拥堵区域，减少行车时间和交通压力。智能交通系统还能够根据驾驶员的需求和实时交通情况，进行动态导航调整，提供更加精准的导航指引。

智能交通系统可以通过分析交通数据和监测道路状况，实现交通事故的预警和预防。系统可以及时发现道路上的异常情况，如交通事故、道路施工等，通过无线通信设备向相关部门和驾驶员发送预警信息，提醒驾驶员注意安全，避免交通事故的发生。同时，智能交通系统还可以通过实时监控交通流量和车速，发现交通拥堵或者危险区域，并及时采取措施进行疏导和管理，确保交通的顺畅和安全。

（三）无人机物流

无人机物流是一种利用无人机进行货物运输和配送的先进物流模式。通过使用无人机和自动化控制系统，可以实现快速、灵活和低成本的货物运输服务。无人机物流在紧急救援、药品配送、农产品采摘等领域具有广泛应用，能够提高物流效率和响应速度。

在灾难事件或紧急情况下，传统的物流运输方式往往受到交通堵塞等问题的限制，导致救援物资难以及时到达目的地。而无人机物流能够绕过这些障碍，通过空中快速运送救援物资，有效缩短救援响应时间，提高救援效果。无人机物流还可以在偏远地区或交通不便地区提供紧急医疗设备和药品，为受灾群众提供及时救助。

对于一些偏远地区或交通不便的地方，药品供应链常常面临困难，导致人们无法及时获得必需的药物。而无人机物流可以通过快速、直达的特点，将药品从供应中心迅速送达到需要的地方，缩短了传统物流所需的时间和成本。特别是在医疗急救和疫情防控等紧急场景下，无人机物流可以大大提高药品配送的效率和准确性。

传统的农产品采摘和运输过程中，需要大量的人力和物力投入，成本较高且效率不高。而无人机物流可以通过自动化操作，高效地进行农产品的采摘和运输。无人机可以准确定位并精确采摘农产品，然后直接将其送达目的地，避免了传统方式中的中间环节和损耗，提高了农产品的新鲜度和品质。

（四）高速列车和磁悬浮技术

高速列车和磁悬浮技术是一种先进的交通运输自动化技术，通过优化轨道设计、车辆构造和列车控制系统等手段，实现高速、稳定和安全的铁路运输。磁悬浮技术则利用电磁力悬浮和线性电动机等原理，实现列车的浮空行驶，从而提高了列车的速度和平稳性。

高速列车通过优化轨道设计和车辆构造，能够实现更高的运行速度。高速列车采用平直且光滑的轨道设计，减少了摩擦和阻力，使列车在高速运行时能够更加稳定地行驶。高速列车还采用轻量化的车辆构造，减少了列车的重量，降低了能耗，提高了列车的加速度和速度。这样不仅可以缩短旅行时间，还可以提高运输效率，满足人们对快速出行的需求。

高速列车通过先进的列车控制系统，提高了列车的安全性和稳定性。高速列车配备有精确的信号控制系统和自动驾驶技术，能够实时监测列车的运行状态和轨道情况，自动调整列车的速度和位置，保证列车在高速运行时的稳定性和安全性。高速列车还具备紧急制动系统和障碍物检测装置等安全设备，能够在遇到危险情况时及时采取措施，确保列车和乘客的安全。

磁悬浮技术作为一种新型的交通运输技术，能够实现列车的浮空行驶，提高了列车的速度和平稳性。磁悬浮列车利用电磁力和线性电动机的作用，使列车浮于轨道上方，减少了与轨道的接触阻力，从而实现了更高的运行速度。同时，磁悬浮列车不需要传统轨道的支撑，可以自由地行驶在特殊的轨道上，具有更大的灵活性和适应性。这种技术不仅可以提高列车的速度和运输效率，还可以减少噪音和振动，提供更加舒适的乘坐体验。

四、医疗自动化

医疗自动化是将自动化技术应用于医疗领域的一种形式。

（一）医疗信息系统自动化

医疗信息系统自动化是指利用自动化技术对医疗信息的采集、处理和管理进行自动化操作，以提高医疗服务的质量、效率和安全性。医疗信息系统自动化在多个方面应用广泛，包括电子病历系统、医学影像自动化技术等。

电子病历系统是医疗信息系统自动化的重要组成部分。传统的纸质病历需要手动记录和存档，存在着信息不易检索、易丢失、难共享等问题。而电子病历系统通过将患者的医疗信息数字化，并利用数据库和网络技术进行存储和管理，实现了病历信息的快速检索和共享。医生可以通过电子病历系统快速查找和浏览患者的过往病历、检查结果、用药记录等信息，为诊断和治疗提供更准确的依据。电子病历系统还能够与其他医疗设备和信息系统进行连接，实现数据的无缝集成和交互，提高医疗工作的效率和准确性。

医学影像自动化技术是医疗信息系统自动化的重要应用领域之一。随着医学影像技术的不断发展和普及，大量的医学影像数据产生并需要进行分析和诊断。传统的人工分析和诊断存在主观性、耗时长等问题，而医学影像自动化技术通过图像处理、模式识别和机器学习等方法，实现对医学影像的智能分析和诊断。例如，计算机辅助诊断系统可以通过对医学影像的自动处理和分析，帮助医生发现疾病特征和异常情况，并提供辅助诊断的建议。这种技术的应用可以大大提高医生的工作效率和诊断准确性，为患者提供更加精准的诊疗服务。

医疗信息系统自动化还包括其他方面的应用，如预约挂号系统、药物管理系统、护理记录系统等。预约挂号系统通过在线平台和自动化排队系统，实现了患者预约挂号的便捷和高效，避免了传统排队的繁琐和时间浪费。药物管理系统利用自动化技术对药物库存和发放进行管理，减少了药物错误使用和浪费的风险。护理记录系统通过电子化记录和监控，提高了护士的工作效率和护理质量。

（二）医疗数据分析与决策支持

医疗数据分析与决策支持是利用自动化技术对医疗数据进行分析和挖掘，为医生和决策者提供科学依据和决策支持的过程。这种技术可以通过大数据分析、机器学习和人工智能等方法，对海量的医疗数据进行深入的统计和分析，从中发现潜在的规律、关联以及隐藏的知识，为医疗决策提供更加准确和科学的支持。

利用大数据分析技术可以对大量的医疗数据进行统计和分析。医疗领域产生了众多的数据，包括患者的病历资料数据、临床试验数据、医学影像数据、实时监测数据等。通过应用大数据分析技术，可以对这些数据进行整合和分析，从而发现数据之间的关联、趋势和模式。例如，通过分析大量的病例数据，可以找到特定病症的共同特征和治疗效果，辅助医生进行疾病的诊断和治疗方案的选择。

机器学习技术在医疗数据分析与决策支持中也起到了重要的作用。机器学习技术是一种通过对数据进行学习和训练，自动发现模式和规律，并根据这些模式做出预测或决策的技术。在医疗领域，机器学习技术可以应用于疾病预测、药物研发、个性化治疗等方面。例如，利用机器学习算法，可以分析患者的临床数据和基因组数据，预测患者可能存在的遗传疾病风险，提供个性化的健康管理建议。机器学习技术还可以帮助医生进行药物剂量优化和不良反应预测，提高治疗效果和安全性。

医疗预警系统是医疗数据分析与决策支持的重要应用之一。医疗预警系统通过自动监测患者的生理指标、医学影像数据以及实时监测数据等，识别异常情况并进行预警。例如，在监测心电图数据时，系统可以自动识别心律失常的迹象，并及时向医生发送预警信息，以便医生采取相应的治疗措施。医疗预警系统的应用可以提高患者的安全性，减少医疗事故的发生，并及时干预危急情况，保护患者的生命健康。

（三）医疗机构管理自动化

医疗机构管理自动化是指利用自动化技术对医疗机构的各种管理过程进行

自动化操作。随着科技的不断发展和医疗服务的日益复杂化，医疗机构管理自动化成为提高效率、优化资源利用和提升服务质量的重要手段。

一方面，自动化排班系统可以极大地简化医生排班的流程。通过该系统，医疗机构可以根据医生的专业特长、患者的需求以及工作时间等因素，自动安排医生的工作时间和任务。这样一来，不仅可以合理分配医生的工作负荷，减轻其压力，还能够避免因排班不当导致的资源浪费和效率低下的情况。自动化排班系统还可以根据实际情况进行实时调整，确保医疗资源的最大化利用。

另一方面，医药库存管理系统的自动化应用也能带来诸多好处。传统的药物库存管理往往需要人工进行监测和统计，容易出现信息不准确、采购计划滞后等问题。而引入自动化技术后，医药库存管理系统可以实现对药物库存的实时监测和统计，精确控制药物的进出，以及预测未来需求。这样一来，不仅可以减少因药物过期、损坏等原因造成的浪费，还能够避免因库存不足而导致患者无法及时获得所需药物的情况。

除了以上两个方面，医疗机构管理自动化还可以应用于多个环节。例如，自动化电子病历系统可以整合患者的各种健康数据，提高医生的诊断效率和治疗准确性；自动化财务管理系统可以实现医疗费用的结算、报销等操作，提高财务管理的效率和准确性。

五、家庭生活自动化

在家庭生活中，自动化技术的应用越来越广泛，可以提高生活品质、节省时间和能源，并增加便利性和舒适度。

（一）智能家居系统

智能家居系统是一种利用自动化技术将家庭设备和电器连接到互联网，并实现远程控制和自动化操作的系统。这一系统通过智能化的设备和应用程序，使家庭成员可以随时随地通过手机App或其他终端设备对家居设备进行控制和管理。

智能家居系统的一个主要特点是远程控制功能。通过与互联网的连接，用户可以在外出或者不在家的情况下，通过手机App远程控制家居设备的开关状态、亮度调节、温度调节等。例如，当用户即将回家时，可以提前通过手机 App 打开空调或者暖气，让房间在他们到达时已经调整到舒适的温度；用户还可以通过手机 App 远程打开灯光，模拟在家的状况，增加安全感。

除了远程控制，智能家居系统还具备自动化操作的能力。通过设置定时任务或者依靠传感器等设备，系统可以根据家庭成员的习惯和需求，自动调整家居设备的设置。例如，可以根据家庭成员的作息时间，自动调整窗帘的开合程度，保持合适的光线进入房间。又如，通过温度传感器和天气预报数据，系统可以自动调整空调或者暖气的温度，以确保房间的舒适度。

智能家居系统还可以根据家庭成员的习惯和需求提供个性化的服务。系统可以学习家庭成员的行为模式和偏好，根据这些信息来自动化调整设备的设置。例如，如果系统了解到某个家庭成员经常在晚上看电影，系统可以根据时间自动降低灯光亮度，并关闭窗帘，为观影创造更好的环境。智能家居系统还可以与其他智能设备、家庭助理等进行联动，提供更全面的智能化体验。

（二）自动化清洁设备

各种自动化清洁设备使家庭成员能够更加轻松地保持室内环境的整洁。

一种常见的自动化清洁设备是自动吸尘器。这些智能设备能够在没有人在家时自动进行地面清扫工作。通过搭载的传感器，它们能够检测到障碍物并避免与之碰撞，确保高效的清洁过程。无论是地毯、硬地板还是瓷砖，自动吸尘器都能适应不同的表面，并将灰尘和杂物彻底清除，为家庭创造一个舒适和干净的环境。

自动化洗衣机、洗碗机和烘干机等设备也极大地减轻了家庭成员的工作负担。这些设备可以根据事先设定的程序，自动完成清洁和处理任务。自动化洗衣机能够根据衣物类型和污渍程度，选择合适的洗涤程序和水温，从而保证衣物的清洁和柔软度。而自动化洗碗机能够通过高效的喷淋系统和专业的洗涤剂，将餐具、盘子和餐具清洗得干净卫生。烘干机则能够在洗衣程序完成后，自动将衣物烘干至适当的程度，省去了晾晒的麻烦。

除了这些常见的自动化清洁设备，还有一些新型的智能设备正在不断开发和改进。例如，自动化地板拖把能够在无需人工操作的情况下，自动拖洗地面，使地板光洁如新。这些设备的出现为家庭清洁带来了更多便利和舒适。

（三）智能厨房设备

智能厨房设备的出现极大地提高了烹饪的便利性和高效性。通过引入先进的技术和智能功能，这些设备让烹饪变得更加简单、快捷和精确。

一种常见的智能厨房设备是智能烤箱。该设备配备了触摸屏界面和预设烹饪程序，可以根据不同食材和菜谱要求，自动调整温度、时间和热量。智能烤箱还可以通过手机 App 或语音控制进行远程操作，使用户能够在外出时预约烹饪，回家后即可享用美味佳肴。

类似地，智能电饭煲也为人们带来了极大的便利。除了传统的蒸煮和煮饭功能，智能电饭煲还具有多种智能烹饪模式，如煲汤、炖肉等，可以满足不同口味的需求。通过内置的智能感应器和精准的控制系统，它能够自动识别食材并调整烹饪参数，确保食物的口感和营养。用户也可以通过手机 App 进行远程控制和预约，实现智能化的烹饪体验。

咖啡机也是智能厨房设备中的一员。通过内置的磨豆器、温度控制系统和程序设置，智能咖啡机能够根据不同咖啡类型和个人口味，自动调整浸泡时间、水量和温度，制作出理想的咖啡。用户可以通过手机 App 远程预约，让咖啡在起床之前就准备好，省去了等待的时间。

智能厨房设备还包括智能厨具和智能灶具等。智能厨具如电子秤、计时器和菜谱数据库，能够帮助用户精确测量食材、掌握烹饪时间，并提供丰富的菜谱参考。智能灶具则通过感应器和控制系统，实现对火力的精确控制和快速反应，让烹饪过程更加高效和安全。

（四）家庭安防系统

家庭安防系统在现代生活中扮演着重要的角色。借助自动化技术，家庭安防变得更加智能和可靠。智能门锁、摄像头和报警系统等设备为家庭提供了全方位的保护和监控。

智能门锁是家庭安防系统中的一种重要组成部分。它们通过密码、指纹识别或手机 App 实现了无钥匙进出，使家人和授权访客能够方便地进入家门。智能门锁还具有记录进出记录的功能，可以随时查看家庭成员的进出情况，增加安全性和可追溯性。一些智能门锁还支持远程控制，用户可以通过手机 App 远程锁定或解锁门锁，确保家庭安全。

智能摄像头也是家庭安防系统中不可缺少的部分。这些摄像头可以通过高清图像和广角视野，实时监控家庭内外的环境。通过移动侦测和人脸识别等功能，智能摄像头能够及时发现异常活动，并发送警报信息给家庭成员。一些智能摄像头还支持双向语音通话，让用户能够与家人进行实时交流，增加家庭安全感。

智能报警系统是家庭安防的重要组成部分。智能报警系统可以通过传感器和触发器，监测家庭内外的入侵、火灾、煤气泄漏等异常情况，并及时触发警报。一些智能报警系统还支持与摄像头和门锁的联动，当有异常事件发生时，它们能够自动拍摄照片或视频，并发送给家庭成员或安保中心，以便及时采取应对措施。

除了以上提到的设备，家庭安防系统还包括可穿戴设备、门窗传感器、烟雾报警器等。这些设备可以相互配合，形成一个完整的家庭安防网络，为家庭提供更全面、智能化的保护。

（五）节能和环保设备

太阳能电池板和智能能源管理系统是家庭节能的重要装置。太阳能电池板可以将太阳能转化为电能，供给家庭使用，并且可以储存多余的能量以备不时之需。智能能源管理系统则可以监测家庭能源的使用情况，并根据需求优化能源的分配，提高能源利用效率。例如，在低负荷时段，系统可以将多余的能量用于充电或供应其他设备，从而最大程度地减少能源浪费。

除此之外，智能水表和水泵控制系统等设备也可以实现对家庭水资源的有效管理和节约。智能水表可以实时监测家庭的用水情况，并提供相应的用水数据和报告，帮助家庭了解自己的用水习惯，从而促使人们节约用水。水泵控制系统则可以自动监测和调节家庭的水压和供水量，避免浪费和过度使用水资源。

还有一些其他领域的自动化技术，如金融自动化、商业自动化等。这些领域的自动化技术在不同的应用场景中发挥着重要的作用。

第二节　自动化系统的组成和结构

自动化系统是由多个组成部分和结构组成的，这些部分相互配合以实现自动控制和操作。

一、传感器与执行器

传感器是自动化系统中的重要组成部分，用于采集和感知环境或被控对象的信息。常见的传感器有温度传感器、压力传感器、光电传感器等。传感器将采集到的信息转化为电信号或数字信号，并输入到控制系统中进行处理。

执行器是自动化系统中用于执行控制命令的设备，通过接收来自控制系统的指令，将电信号或气压等所含的能量转化为机械运动，从而实现对被控对象的操作。常见的执行器包括电动阀门、电机、液压缸等。

二、控制器

控制器是自动化系统中的核心部件，它扮演着处理和分析传感器采集到的数据，并根据预设的控制策略生成控制命令的重要角色。控制器的作用是通过对系统进行调节和控制，使其达到所需的状态或性能。

在自动化系统中，控制器可以采用多种不同的控制算法，以满足不同系统的需求。以下是几种常见的控制算法：

（一）比例-积分-微分（PID）控制

PID 控制是一种经典的控制算法，用于调整系统的输出以使其与期望值尽可能接近。它基于当前误差的大小来计算控制命令，并通过比例、积分和微分三个项来调节控制器的输出。

比例项（P）是 PID 控制中最基本的部分，它根据当前误差的大小进行调节。比例控制的原理是，误差越大，控制命令的调整量就越大。这意味着当系统偏离期望值较远时，比例项会产生更大的影响，从而加快系统的响应速度。

积分项（I）用于消除稳态误差，即系统在达到期望值后仍然存在的误差。

积分控制的原理是，对误差进行累积，并将累积值乘以一个常数，然后加到控制命令上。这样可以逐渐减小稳态误差，使系统更好地达到期望值。

微分项（D）用于抑制系统的振荡和快速响应。微分控制的原理是，通过测量误差的变化率，并将变化率乘以一个常数，然后加到控制命令上。这样可以对系统的响应速度进行调节，使其更加平稳，并减少过冲和振荡的问题。

PID 控制算法的输出值是比例、积分和微分三个项的加权和。每个项的权重可以通过实验或经验来确定，以便获得最佳的控制效果。不同的应用领域可能需要不同的参数设置，因此在实际应用中需要根据具体情况进行调整。

PID 控制具有简单、易于实现和广泛适用的特点，在许多领域都得到了广泛应用。例如，在工业自动化中，PID 控制常用于温度、压力和流量等变量的控制；在机器人控制中，PID 控制可用于姿态控制和轨迹跟踪；在飞行器控制中，PID 控制可用于保持平衡和稳定飞行等。

尽管 PID 控制具有许多优点，但也存在一些问题。例如，当系统的动态特性发生变化时，PID 控制可能无法有效地适应；PID 控制对参数的选择和调整要求较高，需要经验和实验的支持。

（二）模糊控制

模糊控制是一种基于模糊逻辑的控制方法，它模拟人类的思维方式，将模糊概念引入到控制系统中。与传统的精确控制方法相比，模糊控制更适用于那些难以建立准确数学模型的系统，并且对噪声和不确定性有较好的鲁棒性。

在模糊控制中，首先需要定义模糊规则。模糊规则是基于经验和专家知识形成的一组 if-then 规则，其中包含了模糊变量的描述和控制策略。模糊变量是用来表示输入和输出的模糊概念，例如“温度冷”“速度快”等。每个模糊变量都有一个模糊集合，其中包含了该变量可能的取值范围。

然后，通过模糊推理来根据输入和模糊规则得出模糊输出。模糊推理使用模糊规则和输入的模糊集合进行匹配，以确定输出的模糊集合。常见的模糊推理方法包括最小最大法、加权平均法等。模糊输出可以通过解模糊操作转化为具体的控制命令，例如模糊输出的平均值或重心。

模糊控制可以应对系统模型复杂或无法准确建模的情况，因为模糊规则是基于经验和专家知识形成的，更能适应实际情况；模糊控制对噪声和不确定性具有较好的鲁棒性，能够在这些干扰下保持稳定的控制性能；模糊控制还可以方便地与传统控制方法相结合，形成混合控制系统，以兼顾精确性和适应性。

但模糊控制也存在一些限制。模糊控制的设计和调试较为复杂，需要大量的经验和专业知识；模糊控制的性能高度依赖于模糊规则的选择和调整，不当的规则设置可能导致控制性能下降或不稳定；由于模糊控制使用了模糊变量和模糊集合，所以计算复杂度较高，运行效率相对较低。

（三）自适应控制

自适应控制是一种能够自动调整控制策略的控制方法，它根据系统的动态特性和外部环境的变化来实时调整控制参数，以提高系统的稳定性、鲁棒性和响应速度。自适应控制常常与系统辨识技术相结合，通过对系统进行在线辨识和参数调整来实现控制。

在自适应控制中，系统的动态特性和环境变化可以通过多种方式进行监测和分析，例如使用传感器测量系统的输出和状态变量，或者利用信号处理和数据分析技术对系统的输入输出数据进行处理。这些信息可以用来判断系统的性能指标，如误差、稳态误差、响应时间等，并作为自适应控制算法的输入。

自适应控制算法通常包括两个主要部分：参数辨识和参数调整。参数辨识是通过对系统的输入输出数据进行分析和建模，推导出系统的数学模型和参数估计值。常见的辨识方法包括最小二乘法、滑动模式辨识法等。参数调整是根据系统的实际性能和需求，利用辨识得到的模型和参数估计值来调整控制器的参数，以优化系统的控制性能。

自适应控制可以根据系统的实际情况和环境变化来动态调整控制参数，使系统更加灵活和适应不同工作条件；自适应控制能够提高系统的鲁棒性，对于系统参数变化、外部干扰和噪声等具有较好的抑制能力；自适应控制还可以适应系统的非线性和时变性，提供更精确的控制效果。

但自适应控制算法的设计和调试较为复杂，需要充分理解系统的动态特性和辨识技术的原理，以及合理选择适当的参数调整策略。由于自适应控制需要实时辨识和参数调整，因此计算量较大，可能会增加系统的计算复杂度和延迟。

三、人机界面

人机界面（Human-Machine Interface，HMI）是自动化系统中人与机器之间进行信息交流和操作控制的接口。它起着将人类智能与机器智能相结合的重要作用，使得人们可以直观地了解和操控自动化系统。

人机界面是指通过各种输入输出设备，将人类的意图、指令和信息转化为机器可识别的形式，并将机器的状态、数据和结果以人类易于理解的方式呈现给操作人员的技术手段。它不仅是操作人员与自动化系统之间进行信息传递和命令执行的桥梁，也是实现人机交互和协同工作的重要媒介。

（一）人机界面的分类

根据不同的特点和应用场景，人机界面可以分为以下几类：

1.图形用户界面（Graphical User Interface，GUI）

图形用户界面是目前最常见的人机界面形式之一。它以图形化的方式向操作人员展示系统的状态、数据和控制选项。通过使用图标、菜单、窗口等元素，图形用户界面提供了直观、易于操作的交互方式，使得操作人员能够快速准确地理解和操控系统。

在桌面操作系统中，图形用户界面常见于各种应用程序和操作系统本身。用户可以通过点击鼠标或触摸屏幕来选择菜单、打开窗口、拖动图标等操作，从而与系统进行交互。这种直观的交互方式使得用户能够轻松地完成各种任务，例如浏览网页、编辑文档、播放媒体等。

而在工控系统中，图形用户界面被用于监视和控制设备和过程。工控系统通常包括监视器、仪表盘和控制面板等组件，通过这些界面，操作人员可以实时查看设备的状态、监测各项指标，并进行必要的调整和控制。这使得工业生产过程更加高效、可靠，并且降低了操作人员的负担。

2.触摸屏界面（Touch Screen Interface）

触摸屏界面是一种通过触摸屏输入设备实现人机交互的界面形式。它将触摸操作与图形化界面相结合，使得操作人员可以直接用手指或触控笔进行点击、拖动等操作，实现对系统的控制和操作。触摸屏界面广泛应用于智能手机、平板电脑、自助终端和工业控制设备等领域，具有便捷、灵活的特点。

在智能手机和平板电脑上，触摸屏界面已成为主流的人机交互方式。用户可以通过轻触、滑动和捏合等手势来操作应用程序和浏览内容。触摸屏界面的直观性和易用性使得用户能够快速适应，并且可以在任何地方随时进行操作。

触摸屏界面也被广泛应用于自助终端，例如银行 ATM 机、售票机和自助点餐机等。用户可以通过触摸屏界面完成各种操作，如选择服务、输入信息和确认交易等。这种界面形式简化了操作流程，提高了用户体验，同时也减少了设备的维护成本。

在工业控制设备领域，触摸屏界面为操作人员提供了直接的控制方式。工业控制设备通常配备大型触摸屏，操作人员可以通过界面上的按钮、滑块和图表等元素来监视设备状态、调整参数和执行指令。触摸屏界面的灵活性和直观性使得操作人员能够更快速地响应和处理各种情况，提高了生产效率和安全性。

3.语音界面（Voice Interface）

语音界面是利用语音识别技术和语音合成技术实现人机交互的界面形式。通过语音界面，操作人员可以通过说话的方式向系统发送指令或查询信息，而系统则通过语音回复的方式提供反馈和结果。语音界面在智能音箱、车载导航系统等领域得到广泛应用，为用户提供了更加自然和便捷的交互方式。

语音界面的核心技术之一是语音识别技术。它能够将人的语音输入转化为文本或命令，并传递给系统进行处理。通过语音识别技术，操作人员无需使用键盘或触摸屏，只需直接说出想要执行的指令，从而实现与系统的交互。这种自然的交互方式使得用户能够更加方便地控制设备、获取信息或执行任务。

另一个关键技术是语音合成技术，它能够将计算机生成的文本转换为语音输出。通过语音合成技术，系统可以以人类的语音方式回复用户的指令或提供信息。这种语音交互形式不仅增加了用户体验的真实感，还能够提高信息的可理解性和易记性。

语音界面的应用领域非常广泛。在智能音箱中，用户可以通过语音指令播放音乐、查询天气、控制家居设备等。车载导航系统则允许驾驶者使用语音进行目的地输入、路线规划和电话拨打等操作，提高了驾驶安全性和便利性。

尽管语音界面带来了很多便利，但也面临一些挑战。例如，语音识别的准确率和对于不同口音和语言的适应性仍然需要进一步提升。隐私和安全问题也需要得到重视，以保护用户的个人信息和交互数据。

4.虚拟现实界面（Virtual Reality Interface）

虚拟现实界面是一种基于虚拟现实技术构建的三维交互环境，它使操作人员能够身临其境地与虚拟对象进行交互和操作。通过佩戴虚拟现实头盔、手柄等设备，用户可以进入一个完全虚拟的世界，通过视觉、听觉和触觉等多感官的交互体验，获得一种逼真而沉浸式的体验。

虚拟现实界面在各个领域都发挥着重要的作用。在游戏领域，虚拟现实界面提供了更加真实、逼真的游戏体验，使玩家可以完全融入到游戏世界中，增强了游戏的乐趣和刺激性。同时，虚拟现实界面也为游戏开发者提供了更多的创作空间和可能性。

在仿真培训领域，虚拟现实界面被广泛应用于各种培训场景，如飞行模拟器、驾驶模拟器等。通过虚拟现实界面，学员可以在安全的环境下进行高度逼真的模拟训练，提升技能和应对复杂情况的能力。虚拟现实界面还可以在医疗领域进行手术模拟和训练，帮助医生提高手术技术和减少术中风险。

虚拟现实界面还被广泛应用于虚拟旅游、建筑设计和艺术创作等领域。通过虚拟现实界面，用户可以身临其境地参观世界各地的名胜古迹，或者在虚拟空间中进行建筑设计和艺术创作，提供了更加直观和互动的体验方式。

目前，虚拟现实界面的发展面临着设备成本高昂、技术限制和对用户身体舒适度的考虑等问题。但随着技术的不断进步和成本的下降，虚拟现实界面有望在未来得到更广泛的应用和发展。

（二）人机界面的设计原则

为实现良好的人机交互和操作体验，人机界面的设计应遵循以下几个原则：

1.直观性（Intuitiveness）

直观性是人机界面设计的一个重要原则，旨在让用户能够快速理解和掌握系统的使用方法。为了实现直观性，界面的布局、图标的设计、操作流程的设置等方面需要简洁明了，减少用户的思考负担。

在界面布局方面，应尽量遵循用户的认知习惯和直觉。常见的布局模式如上下左右分区、主次关系明确等可以帮助用户更容易地找到所需的功能和信息。同时，合理利用空白区域和分组方式，使得界面整洁清晰，减少用户的混乱感。

图标的设计也是直观性的重要组成部分。图标应当具备易于理解和识别的特点，避免使用过于抽象或模糊的图形。符号、颜色和形状的选择要与功能或操作相关联，以便用户能够迅速理解其含义并作出正确的操作。

操作流程的设置也需要考虑直观性。用户在使用系统时应该能够按照自然的思维顺序进行操作，而不需要经过复杂的步骤和冗长的操作。合理的工作流程设计可以大大降低用户的认知负担，提高系统的易用性。

为了保证直观性，用户调研和用户反馈是必不可少的环节。通过与用户的交流和测试，收集他们的意见和建议，可以及时发现并解决界面设计中存在的问题，使得界面更加符合用户的期望和需求。

2.易学性（Learnability）

易学性是人机界面设计的一个重要方面，旨在使新用户能够迅速上手并掌握基本操作。为了实现易学性，界面应该提供清晰明了的指引、提示和帮助功能，为用户提供必要的支持和引导。

界面应该具备直观的设计，即使用户没有接受过专门培训也能够快速理解和使用系统。通过简洁明了的布局、明确的标识和一致的交互方式，用户可以很容易地找到所需的功能和信息，并进行相应的操作。

界面应该提供明确的指引和提示，帮助用户了解系统的基本操作和工作流程。这可以通过向导式的介绍、引导性的弹窗或说明文字等形式来实现。逐步引导用户完成各项任务，逐渐增加复杂度和难度，有助于用户逐步熟悉系统并掌握操作方法。

帮助功能也是提高易学性的关键。系统应该提供易于访问和搜索的帮助文档、在线教程或视频演示等，以便用户在遇到问题时能够及时获取解决方案。同时，为用户提供常见问题解答和用户社区等交流平台，使得用户能够相互分享经验和解决方案。

3.可靠性（Reliability）

人机界面的可靠性是指其稳定可靠的特点，保证操作指令能够准确执行并且数据能够正确呈现。在设计和开发人机界面时，需要考虑到各种因素，以确保系统的可靠性。

人机界面应具备错误处理和异常情况处理的能力。当用户输入错误或者出现异常情况时，界面应能够合理地识别并进行相应的处理。例如，当用户输入错误的指令或参数时，界面应给出相应的警告提示，并提供纠正措施。这样可以避免操作人员因为界面问题而产生误操作，增强系统的可靠性。

人机界面应具备错误容忍性。即使在出现错误情况下，系统也应能够继续正常运行，并尽可能自动修复错误。例如，在与外部设备进行通信时，如果发生通信故障，界面应能够自动重新连接或者提供手动重连选项，以确保操作的连续性和可靠性。

人机界面还应具备良好的反馈机制。及时的反馈可以帮助操作人员确认他们的操作是否成功执行。例如，当用户执行某个操作后，界面应及时显示相关信息或结果，以便操作人员可以准确地判断操作的有效性。这种及时反馈不仅提高了界面的可靠性，还增强了用户对系统的信任感。

4.可扩展性（Scalability）

人机界面的可扩展性是指其能够适应不同规模和复杂度的自动化系统，并具备灵活调整的能力。在设计和开发人机界面时，需要考虑到系统的未来发展和用户的个性化需求，以确保界面的可扩展性。

人机界面的布局应具备灵活性。界面应设计为模块化的结构，可以根据实际需要进行自由组合和布局。这样在系统发展或功能扩展时，可以方便地添加新的模块或调整布局，以适应新的需求。同时，界面应提供简单易用的配置选项，使用户能够自定义显示内容、控制选项和操作方式，满足其个性化需求。

人机界面的功能应具备可定制性。界面应提供丰富的功能扩展接口和插件机制，使用户能够根据实际需要添加或替换特定功能模块。例如，用户可能希望添加新的数据图表、报表生成工具或者与其他系统的集成功能等。通过提供可定制的功能扩展接口，用户可以根据自己的要求对界面进行灵活定制，满足其特定的业务需求。

人机界面还应具备良好的兼容性。随着系统的发展，可能需要与其他设备、软件或者平台进行集成，以实现更强大的功能和更高效的操作。因此，界面应支持常用的通信协议和标准接口，以确保与外部系统的无缝连接和数据交换，实现跨平台和跨系统的互操作性。

四、通信网络

通信网络在自动化系统中扮演着极为重要的角色，它连接了各个组成部分，实现了数据的传输和共享。通过通信网络，传感器、执行器、控制器和人机界面之间可以进行实时的数据交换和命令传递。常见的通信网络包括以太网、CAN 总线、Profibus 等。

（一）以太网

以太网是一种广泛应用于计算机网络的通信协议，在自动化系统中得到了广泛应用。它通过使用标准化的协议和接口，实现了高速的数据传输和灵活的网络拓扑结构。以太网在自动化系统中起到连接各个组成部分的作用，包括传感器、执行器、控制器和人机界面，从而实现实时的数据交换和远程控制。

以太网的优势在于其高速的数据传输能力。它采用了快速以太网（Fast Ethernet）和千兆以太网（Gigabit Ethernet）等技术，使数据能够以较快的速度在网络中传输。这对于需要实时数据交换和远程控制的自动化系统来说至关重要。无论是传感器采集的实时数据，还是控制器发送的指令，都可以通过以太网进行高效传输，确保系统的稳定性和可靠性。

另一个重要的特点是以太网支持灵活的网络拓扑结构。以太网可以基于星型拓扑、总线型拓扑或者混合型拓扑来建立网络架构。这意味着可以根据具体的自动化系统需求来设计网络结构，灵活地连接各个组成部分。这种灵活性使得以太网能够适应不同规模和复杂度的自动化系统，并且随着系统的扩展和升级而无需重新设计整个网络。

以太网还支持广播和组播功能。广播功能可以将数据同时发送给网络中的所有设备，方便实现系统范围内的信息传递和状态更新。组播功能则可以将数据同时发送给指定的一组设备，提高了数据传输的效率。这些功能使得以太网在自动化系统中更加灵活和可靠，可以满足不同场景下的数据通信需求。

（二）CAN 总线

CAN（Controller Area Network）总线是一种专门用于实时应用的通信协议，在汽车、工业自动化和机械控制等领域得到广泛应用。CAN 总线以其高可靠性、强抗干扰能力和低成本的特点而闻名。在自动化系统中，CAN 总线连接传感器、执行器和控制器等设备，实现实时数据传输和远程控制。

CAN 总线具备高可靠性。CAN 总线采用了差分信号传输机制，可以有效地抵御电磁干扰和噪声干扰，确保数据传输的稳定性和准确性。这对于自动化系统来说至关重要，因为准确和稳定的数据传输是实现系统可靠运行的基础。

CAN 总线具备强大的抗干扰能力。CAN 总线采用了冲突检测和错误校验机制，能够及时发现和纠正数据传输中的错误，从而提高了系统的稳定性和可靠性。即使在恶劣的环境条件下，如电磁干扰较强的工业场景，CAN 总线仍然能够正常工作。

CAN 总线具有低成本的优势。由于 CAN 总线采用了简单的通信硬件和协议，其成本相对较低。这使得 CAN 总线在大规模应用中更加经济实用，特别是适用于需要大量节点连接的自动化系统。

CAN 总线还支持多主机结构，即多个控制器可以同时访问总线。这种灵活性使得系统可以实现分布式控制，提高了系统的可扩展性和协作能力。各个设备可以通过 CAN 总线进行数据交换和通信，实现实时监控和远程控制。

（三）Profibus

Profibus 是一种用于工业自动化领域的通信协议，它采用分布式控制系统（DCS）架构，支持高速数据传输和实时控制。Profibus 分为三种类型：Profibus DP（分布式外围设备）、Profibus PA（过程自动化）和 PROFIBUS-FMS（领域消息规范）。在自动化系统中，Profibus 可以连接各种设备，包括传感器和执行器等，实现数据的共享和远程控制。Profibus 还支持网络拓扑结构的灵活配置，可以根据系统的需求进行组网。

Profibus 支持高速数据传输。Profibus 使用了高速串行通信技术，可以实现快速而可靠的数据传输，满足实时控制和监测的需求。无论是传感器采集的实时数据，还是控制器发送的指令，都能够以较快的速度在 Profibus 网络中传输，确保系统的稳定性和准确性。

Profibus 具备灵活的网络配置能力。Profibus 网络可以基于总线型、星型或者混合型拓扑结构进行组网。这使得系统可以根据具体的自动化需求来设计网络结构，方便地连接各个设备。Profibus 还支持多主机结构，多个控制器可以同时访问总线，提高了系统的灵活性和可扩展性。

Profibus 还具有良好的可靠性和稳定性。它采用了错误检测和纠正机制，能够及时发现和修复数据传输中的错误，保证数据的完整性和可靠性。Profibus 还支持故障诊断和设备管理功能，可以帮助用户快速定位和解决网络故障，提高系统的可靠性和维护效率。

除了以上介绍的以太网、CAN 总线和 Profibus 之外，还有许多其他的通信协议和网络应用于自动化系统中，如 Foundation Fieldbus、AS-Interface、Modbus TCP 等。每种通信网络都有其独特的特点和应用领域，在不同的自动化系统中选择合适的通信网络非常重要，以满足实时性、可靠性和扩展性等需求。随着技术的不断发展，通信网络在自动化系统中的应用将变得更加多样化和先进化。

五、电源与供电系统

电源与供电系统在自动化系统中起着至关重要的作用。它们负责为各个设备和组件提供稳定的电力供应，确保系统能够正常运行。

（一）电源系统的功能

电源系统是自动化系统中的核心组成部分，主要具有以下功能：

1.提供稳定的电压和电流

电源系统在自动化系统中主要功能之一就是提供稳定的电压和电流。它通过对输入电网的电压和电流进行稳定调节，确保各个设备和组件能够得到恒定、可靠的电力供应。

稳定的电压和电流对于设备的正常工作至关重要。不同设备和组件对电压和电流的要求可能有所不同，因此电源系统需要能够根据实际需求进行精确的调节。通过稳定的电力供应，可以避免因电压或电流波动引起的设备故障或损坏，保证设备能够持续稳定地运行。

电源系统通常采用稳压、稳流等技术手段来实现对电压和电流的稳定调节。例如，可以通过变压器、稳压器、稳流器等装置对电网输入进行调节和控制，以确保输出的电压和电流能够满足设备的要求。

电源系统还需要具备快速响应能力，能够及时调整输出的电压和电流，以适应设备工作状态的变化。在设备启动、停止或发生负载变化时，电源系统能够迅速调整输出，保持稳定的供电状态。

2.提供多种电压等级

在自动化系统中，不同设备和组件对电压等级的要求可能存在差异。因此，电源系统需要具备提供多种电压等级的能力，以满足各个设备的需求。

为了满足不同设备的电压需求，电源系统通常采用变压器或电源调节器等装置进行电压转换和调节。这些装置可以将输入电压从电网的标准电压等级转换为适合特定设备的电压等级。

举例来说，一些设备可能需要低电压供电，如控制电路、传感器等。而另一些设备则需要高电压供电，例如驱动电机、电磁阀等。电源系统可以根据设备的需求，通过变压器或电源调节器等装置，将输入电压转换为相应的低电压或高电压输出。

电源系统还可以提供多个输出端口，每个端口可以输出不同的电压等级，以便满足多个设备的需求。这样可以避免在自动化系统中使用多个独立的电源系统，减少系统的复杂性和成本。

通过提供多种电压等级的输出，电源系统能够灵活适配不同设备的需求，确保它们能够得到合适的电力供应。这样可以保证设备的正常运行，并提高整个自动化系统的效率和可靠性。

3.具备过载保护

电源系统在自动化系统中的一个重要功能是具备过载保护。过载保护能够有效地保护系统免受过载电流造成的损害，并确保整个系统的安全运行。

过载指的是电流超过设备或电路额定值的情况。这可能是由于设备故障、短路、负载过大或其他异常情况引起的。如果过载电流未得到及时控制，可能会导致设备过热、线路烧毁甚至火灾等严重后果。

为了避免这种情况发生，电源系统通常配备过载保护装置。过载保护装置可以监测电流的变化，并在检测到电流超过额定值时采取相应的措施。常见的过载保护装置包括熔断器、热保护器、电子断路器等。

当电流超过额定值时，过载保护装置会迅速切断电源供应，阻止过载电流继续流入设备或电路。这样可以有效地保护设备和电路不受过载电流的影响，防止设备损坏和系统故障的发生。

一些先进的电源系统还可以通过智能监测和控制技术来实现过载保护。这些系统可以实时监测电流、温度等参数，并根据预设的阈值进行自动调节和保护。当电流超过设定值时，系统可以自动降低电流或发送警报，以避免过载情况的发生。

4.具备短路保护

电源系统在自动化系统中必须具备短路保护功能。短路是一种常见的故障情况，它可能由于线路破损、设备故障或错误操作等原因而发生。短路会导致电流异常增大，可能对设备和电源系统造成严重损坏。

为了避免短路故障带来的损害，电源系统通常配备短路保护装置。短路保护装置能够检测到短路现象，并迅速切断电源供应，以防止过高电流流经短路处。这样可以避免电流过大造成设备过载、线路过热、电源系统失效甚至火灾等严重后果。

常见的短路保护装置包括熔断器、短路保护开关、电子断路器等。这些装置根据电流的变化进行监测，并在短路发生时迅速触发切断电源。当短路得到修复或排除后，保护装置还能够恢复供电，使系统重新正常运行。

短路保护的目标是迅速切断电源，阻止过高电流流经短路处，以保护设备和电源系统的安全运行。通过配备适当的短路保护装置，电源系统能够及时响应短路故障，并采取必要的措施，避免进一步损坏和故障发生。

5.满足系统的可靠性要求

在自动化系统中，由于任何一个设备的故障都可能导致整个系统停止运行，电源系统需要具备高可靠性，以确保系统能够持续稳定地运行。

为了满足系统的可靠性要求，电源系统采取了多种措施：

电源系统通常采用冗余设计，即通过增加备用设备或回路来提供冗余功能。例如，可以配置备用电源模块，当主电源发生故障时，备用电源可以自动接管，确保系统不间断地供电。

一些关键设备和系统可能配备备份电池，以便在电源中断时提供临时的电力支持。备份电池可以确保系统在短时间内继续运行，给予操作人员足够的时间进行应急处理。

现代电源系统通常配备智能监测装置，能够实时监测电压、电流、温度等参数，并根据预设的阈值发送警报。这样一旦出现异常情况，系统管理员可以及时采取措施进行修复或更换，以保证系统的可靠性。

为了保持电源系统的可靠性，定期维护和检修是必不可少的。通过定期检查电源设备、清洁接触点、更换老化部件等维护措施，可以减少故障发生的可能性，延长设备的使用寿命。

电源系统需要具备良好的环境适应能力，能够在各种恶劣条件下正常运行。例如，在高温、低温、潮湿或有尘土环境下，电源系统需要具备防护措施和特殊设计，以确保稳定的供电。

通过以上措施，电源系统能够满足自动化系统对可靠性的要求。它们提供了冗余设计、备份电池、智能监测与预警、定期维护与检修等功能，以确保系统在各种异常情况下仍能提供稳定的电力供应。这样可以降低系统故障的风险，保证自动化系统的安全运行。

（二）供电系统的特点

供电系统是电源系统的一个重要组成部分，它负责将电源系统提供的电力传输到各个设备和组件。以下是供电系统的一些特点：

1.多级分布式结构

供电系统通常采用多级分布式结构，将电力从电源系统传输到不同的设备和组件。这种结构的设计有助于降低电力传输过程中的能量损耗，并提高整个系统的灵活性和可扩展性。

在多级分布式结构中，电力从发电站或电源系统首先进入高压输电线路。这些高压输电线路通常采用较高的电压，以减小电流的大小，从而降低能量损耗。随后，电力通过变电站进行变压操作，将电压调整为适合配电网络的水平。

接下来，电力进入配电网，其中包括主干线路、分支线路和变压器。主干线路将电力传输到各个区域或地区的配电变压器。分支线路则将电力从主干线路传输到具体的用户终端或设备。变压器则负责将电压调整为适合用户终端使用的水平。

在用户终端，电力被供应给各种设备和组件，例如家庭、工业设施或商业建筑中的电灯、空调、电视等。每个用户终端都可以根据其需求和负载情况获取所需的电力。

通过多级分布式结构，供电系统能够更高效地传输电力，并且能够根据需求进行灵活的扩展。例如，当某个区域负荷较大时，可以通过增加配电变压器或升级主干线路来满足需求。而在负荷较小的区域，则可以减少供电设备以节约资源。

2.多种供电方式

供电系统可以采用多种方式为设备和组件提供电力，其中包括直流供电和交流供电等多种选择。不同的设备和组件对于供电方式可能有不同的要求，因此供电系统需要根据实际情况选择适合的供电方式。

直流供电是一种将电能以恒定方向和大小的电流传输到设备和组件的方式。直流供电具有稳定性好、传输损耗小的优点，适用于某些特定的设备，如计算机、通信设备、电动车等。直流供电还常见于可再生能源领域，如太阳能发电和风能发电系统。

交流供电是一种通过周期性变化的电流和电压来传输电能的方式。交流供电具有广泛应用的优势，适用于大部分家庭、商业建筑和工业设施中的电力需求。交流供电主要由电网系统提供，通过变压器将电压调整为适合用户终端使用的水平。交流供电的优点在于传输距离较远时能量损耗较小，且供电系统更加普遍和成熟。

除了直流供电和交流供电之外，还存在其他一些供电方式，例如无线供电和蓄电池供电等。无线供电是一种通过电磁场传输电能的方式，常见于无线充电设备和传感器网络等应用中。蓄电池供电则是利用蓄电池储存电能，并在需要时释放供应给设备和组件。

在设计和规划供电系统时，需要考虑设备功率需求、电压要求、传输距离、能效和可靠性等因素，确保供电系统能够稳定高效地满足各类设备的电力需求。

3.备份与冗余设计

这种设计方案旨在保证系统在出现故障或干扰时仍能持续提供稳定的电力供应。其中一项常见的设计措施是设置多个电源输入，以便在一个电源发生故障时自动切换到备用电源。

通过设置多个电源输入，供电系统能够实现主备电源的切换。当主电源发生故障时，系统可以立即切换到备用电源，确保电力供应的连续性。这种切换过程通常是自动完成的，无需人工干预，从而减少了对系统运行的影响。备用电源可以是独立的电网连接、UPS（不间断电源）或蓄电池等，以确保在主电源故障期间继续供应电力。

备份与冗余设计还包括其他方面的考虑。例如，在关键设备上使用冗余组件或备用部件，以防止单点故障。当一个组件发生故障时，备用组件会立即接管工作，从而保持系统的正常运行。这种冗余设计可以提高系统的可靠性，并减少因故障而导致的停机时间。

另一种备份与冗余设计的方法是在数据存储和传输方面采取措施。例如，在数据中心中，可以使用冗余存储设备或备份服务器来保护重要数据。这样即使发生硬件故障或数据损坏，系统仍能够从备份中恢复数据，避免数据丢失和业务中断。

4.电能质量控制

供电系统在运行过程中需要对电能质量进行控制，以确保所提供的电压、电流和频率等参数处于合理范围内。这样可以避免因电能质量问题引发的故障、损坏或影响设备性能。

电能质量控制的目标是维持稳定的电力供应，并减少各种电能质量问题的出现。其中包括以下几个方面的控制：

（1）电压稳定性

供电系统需要保持稳定的电压，以满足设备的工作要求。电压波动或电压偏离额定值可能会导致设备故障、误操作或数据丢失等问题。为了实现电压稳定性，供电系统通常使用自动电压调节器（AVR）或无功补偿装置来调整电压。

（2）频率稳定性

供电系统还需要维持稳定的电网频率，通常为50Hz或60Hz，以保证设备正常运行。频率偏离过大可能会导致计时错误、电机转速不稳定等问题。为了实现频率稳定性，供电系统通常采用频率稳定器或自动频率控制装置。

（3）波形畸变

供电系统需要控制电流和电压的波形畸变，以避免对设备产生不利影响。波形畸变可能会导致电流谐波增加、电压失真、设备过热等问题。为了减少波形畸变，供电系统可以使用滤波器或谐波抑制装置。

（4）噪声和干扰

供电系统需要控制噪声和干扰的水平，以保证设备正常运行。噪声和干扰可能来自外部电磁场干扰、设备本身的开关操作等因素。为了降低噪声和干扰，供电系统可以采取屏蔽措施、使用滤波器或隔离设备等方法。

六、安全与保护装置

安全与保护装置在自动化系统中是确保系统运行过程中的安全性和保护人员免受潜在危险。这些装置可以包括传感器、监测装置、安全设备和身份认证等措施。

（一）安全与保护装置的功能

安全与保护装置的主要功能是预防事故和保护人员免受潜在危险。以下是一些常见的安全与保护装置的功能：

1.监测与检测

安全与保护装置通过传感器和监测装置实时监测自动化系统中的各种参数，如温度、压力、气体浓度等。这些监测装置能够不断地采集环境和设备的数据，并将其转化为可理解的信息。

当监测装置检测到异常情况或超过设定的安全阈值时，它会及时发出警报，通知相关人员或触发其他保护措施。这样可以帮助操作人员快速意识到潜在的危险，并采取必要的措施以避免事故发生。

例如，在一个涉及高温的工业自动化系统中，安装了温度监测装置。当温度超过预设的安全范围时，监测装置会发出警报并发送信号给控制系统。控制系统根据接收到的信号，可以立即停止相应的加热设备，以避免温度继续上升引发火灾或设备损坏。

另一个例子是气体浓度监测装置在有毒气体环境中的应用。当监测装置检测到有毒气体浓度超过设定的安全阈值时，它会发出警报并触发相应的紧急措施，如启动排气系统、通知相关人员撤离等，以保护人员免受有毒气体的危害。

监测与检测在安全与保护装置中起着至关重要的作用。通过实时监测自动化系统中的各种参数，可以迅速发现异常情况，并采取相应的措施避免事故的发生。这样可以提高系统的安全性，保护人员的生命和财产安全。

2.紧急停止

紧急停止装置是一种特殊设计的装置，用于在紧急情况下迅速切断设备或系统的电源，以防止进一步的危险和损害。

紧急停止装置通常包括一个易于识别和操作的按钮或开关，被放置在易于访问的位置。当发生紧急情况时，操作人员只需按下紧急停止按钮，即可立即切断设备或系统的电源。这样可以迅速停止设备的运行，并避免潜在的事故或伤害。

紧急停止装置通常与其他安全装置和控制系统紧密结合，以实现更高的安全性和可靠性。例如，在一个自动化生产线中，紧急停止装置可以与机械防护装置（如安全门、光幕）配合使用。当操作人员意识到危险或发生紧急情况时，他们可以通过按下紧急停止按钮来立即切断电源，并触发机械防护装置，停止设备运行并保护人员的安全。

紧急停止装置的设置还需要考虑操作人员的便利性和可靠性。它们通常被设置在易于操作和接近的位置，例如工作站、控制面板或设备旁边。紧急停止装置可以采用醒目的颜色和标识，以便迅速识别和操作。

3.防护

防护装置的作用是保护操作人员免受机械设备、高温、高压等危险因素的伤害。这些装置可以阻止人员接近危险区域或设备，并在必要时停止设备运行，以确保人员的安全。

其中一种常见的防护装置是安全门。安全门通常设置在机械设备的进出口处，当门打开时，设备会自动停止运行，以防止人员意外进入危险区域。安全门还配备了传感器和控制系统，以确保门的关闭和锁定状态，防止人员误操作或非法进入。

另一种常见的防护装置是防护栏。防护栏是用于围住危险区域的栅栏或围挡，以限制人员的接近。防护栏通常由坚固的材料制成，具有足够的高度和强度，以防止人员越过或穿越。同时，防护栏上也可以设置开关或传感器，以便及时发现并停止设备运行。

还有安全光幕等防护装置。安全光幕是一种利用红外线或激光束发射器和接收器组成的装置，可以在设备周围形成一个无形的光屏障。当人员触碰到光屏障时，设备会立即停止运行，以防止伤害发生。

4.火灾和爆炸防护

在涉及火灾和爆炸风险的自动化系统中，必须配备适当的火灾和爆炸防护装置。这些装置旨在监测、预防和应对火灾和爆炸事故，以确保工作环境的安全性。

火灾报警系统是一种关键的火灾防护装置。它通过感应器和探测器来检测烟雾、温度、火焰等火灾迹象，并及时发出警报。火灾报警系统可以通过声音、光亮或其他方式提醒人员火灾的发生，使他们能够及时采取逃生和扑灭火源的措施。

爆炸隔离设备也是重要的防护装置。这些设备用于限制和控制爆炸的蔓延范围，从而减少对周围环境和人员的伤害。爆炸隔离设备通常包括阻火墙、爆炸门、压力释放装置等，能够有效地防止爆炸波及到其他区域，并将爆炸的影响最小化。

防爆壳体也是一种常见的火灾和爆炸防护装置。防爆壳体是一种特殊设计的外壳，能够阻止火花、高温和有害气体逸出，并保护内部设备免受外界火灾和爆炸的影响。防爆壳体通常采用耐火、耐高温和防爆材料制成，确保设备在危险环境中的可靠运行。

5.身份认证与访问控制

为了确保自动化系统的安全性和机密性，身份认证和访问控制是一种常用的措施。通过采用密码、指纹识别、智能卡等方式验证用户身份，并限制未经授权的访问和操作，可以有效地防止非法进入和不当使用。

密码是最常见的身份认证方式之一。用户需要输入正确的用户名和密码才能获得系统的访问权限。为了增加安全性，密码应该具备一定的复杂性，并定期更换。还可以采用多因素认证，例如结合密码和动态令牌，以提高身份验证的可靠性。

指纹识别也是一种常用的身份认证技术。每个人的指纹都是独一无二的，通过采集和比对指纹图像，可以准确地验证用户的身份。指纹识别技术具有高度的准确性和安全性，不易被伪造或冒用。

智能卡技术也广泛应用于身份认证和访问控制。智能卡是一种集成了芯片的可编程卡片，可以存储用户的身份信息和访问权限。用户在使用自动化系统时，需要将智能卡插入读卡器中进行身份验证，只有合法的卡片才能获得访问权限。

通过身份认证和访问控制，自动化系统可以限制只有经过授权的用户才能访问和操作。这样可以防止未经授权的人员进入系统，并减少因非法访问或误操作而引发的安全风险和故障。同时，记录和监控用户的访问行为也有助于后续的审计和追溯。

（二）安全与保护装置的应用

安全与保护装置在各种自动化系统中都具有广泛的应用。以下是一些应用示例：

1.工业自动化

工业自动化中，安全与保护装置是用于监测和防护危险因素，如高温、高压、有毒气体等的设备。这些装置在工业生产过程中能够及时发现异常情况并采取相应的措施以确保工作环境和操作人员的安全。

举例来说，在高温炉炼金属的过程中，温度监测装置是一种常见的安全与保护装置。它可以实时监测炉内的温度变化，并将数据传输给控制系统进行分析。当温度超过设定的安全范围时，温度监测装置会触发报警信号，通知操作人员采取适当的措施。为了防止事故发生，温度监测装置还可以与控制系统连接，自动停止设备运行，以避免进一步的风险。

除了温度监测装置，还有其他类型的安全与保护装置可用于工业自动化中。例如，压力传感器可以检测管道或容器中的压力变化，一旦压力异常，就能发出警报并采取相应的紧急措施。有毒气体监测装置可以检测空气中的有毒气体浓度，并在超过安全阈值时发出警报，以保护操作人员免受有害气体的侵害。

还有防护栏、安全门、紧急停止按钮等设备也属于安全与保护装置的范畴。它们被设计用于阻止人员接近危险区域或设备，并在紧急情况下立即停止设备运行，确保人员的安全。

2.机器人技术

随着科技的不断发展，机器人已经成为各个行业中必不可少的工具之一。机器人的出现带来了许多好处，例如提高生产效率、降低成本、减少人力资源的需求等。

在机器人的应用中，安全与保护装置被设计用来监测机器人的运动范围、力量和速度，以避免机器人与人员或其他设备碰撞造成伤害。这些装置可以通过使用传感器和摄像头等技术来实现。当机器人超出预定的运动范围、施加过大的力量或者移动速度过快时，安全装置会发出警报或采取相应的措施，例如停止机器人的运动或改变其轨迹。

机器人还可以配备防护罩、安全光幕和触摸感应器等装置来确保工作环境的安全。防护罩可以将机器人和操作人员隔离开来，防止意外接触。安全光幕则通过红外线或激光束来监测机器人周围的活动空间，一旦有人员进入禁止区域，它会立即发出警报。触摸感应器可以检测到机器人与其他物体之间的接触，并及时采取措施以避免潜在的危险。

3.建筑自动化

建筑自动化技术的发展使得建筑物的管理和安全更加高效和智能化。在建筑自动化中，安全与保护装置可以用于监测消防系统、安全门禁系统和视频监控系统，以确保建筑物及其内部的安全。

通过使用烟雾探测器、温度传感器和火焰探测器等装置，可以及时检测到火灾的迹象，并触发警报系统。自动喷水系统和气体灭火系统可以根据火灾的位置和程度进行自动响应，从而迅速控制和扑灭火灾，最大限度地减少人员伤亡和财产损失。

通过使用身份验证技术（如指纹识别、面部识别和卡片识别等），安全门禁系统可以实现对人员进出建筑物的严格控制。只有经过授权的人员才能够进入特定区域，从而提高了建筑物的整体安全性。

通过安装摄像头和监控设备，可以实时监测建筑物内外的活动情况。一旦有异常事件发生，如非法入侵、盗窃或其他破坏行为，监控系统会立即发出警报并记录相关视频信息，以协助安全人员采取适当的应对措施。

第三节　传感器与执行器的原理及应用

在现代科技和工程领域中，传感器和执行器是两个重要的组成部分。传感器通过测量环境或物理量的变化，并将其转化为可供处理的电信号或其他形式的输出信号，以实现对环境的监测和控制；而执行器则根据输入信号的控制，产生相应的动作或力来实现对物理系统的控制。

一、传感器的原理及应用

（一）传感器的原理

传感器是一种能够将非电信号转换为电信号的装置，通过测量环境或物理量的变化，将其转换为可供处理的电信号或其他形式的输出信号。传感器的原理基于不同的工作原理和传感器元件的特性，以下介绍几种常见传感器的原理。

1.压力传感器

压力传感器是用于测量压力变化的传感器。其工作原理可以分为两种类型：

（1）电阻式压力传感器

这种传感器利用金属薄膜或半导体材料的电阻随着受力而发生变化的特性。当压力作用在传感器表面时，薄膜或材料的电阻值会发生变化，从而产生一个与压力成正比的电阻变化。通过测量电阻值的变化，可以得到相应的压力值。

（2）压电式压力传感器

这种传感器利用压电材料的压电效应。当压力施加在压电材料上时，材料会发生形变，从而在材料上产生电荷。通过测量这个电荷的大小，可以确定压力的大小。

2.温度传感器

温度传感器是用于测量温度变化的传感器。常见的温度传感器有以下几种原理：

（1）热敏电阻式传感器

这种传感器利用电阻随温度变化而发生变化的特性。通过使用热敏电阻材料，当温度发生变化时，材料的电阻值会相应地发生变化。通过测量电阻值的变化，可以得到温度的数值。

（2）热电偶和热电阻式传感器

这些传感器基于热电效应，即当两个不同金属的焊接点受到温度变化时，会产生一个电势差。热电偶利用两种不同金属的电势差与温度之间的关系来测量温度。而热电阻式传感器则使用特定金属材料的电阻随温度变化的特性来测量温度。

3.光电传感器

光电传感器是用于检测光线变化的传感器。其工作原理主要包括以下几种：

（1）光敏电阻式传感器

这种传感器利用光敏电阻的电阻随光照强度变化而变化的特性。当光照射到传感器表面时，光敏电阻的电阻值会相应地发生变化。通过测量电阻值的变化，可以得到光照强度的数值。

（2）光电二极管和光电三极管

这些传感器利用光电效应来检测光照的存在和强度。当光照射到光电二极管或光电三极管上时，产生的电流或电压会随着光照强度的变化而变化。通过测量电流或电压的变化，可以确定光照的存在和强度。

以上仅是传感器的一些常见原理，实际上还有其他各种类型的传感器，如加速度传感器、湿度传感器、气体传感器等，其工作原理各不相同。

（二）传感器的应用

传感器作为一种能够将非电信号转换为电信号的装置，具有广泛的应用领域。它们在各个行业中发挥着重要的作用，从工业生产到医疗设备，从环境监测到智能家居，以下将介绍传感器在几个常见领域中的应用。

1.汽车制造

在汽车制造领域，传感器被广泛应用于各种控制系统，以提供实时数据和反馈，确保汽车的安全性和性能。

发动机传感器用于监测发动机的温度、压力、转速等参数，实现对发动机管理系统的精确控制；刹车传感器用于检测刹车踏板的位置和力度，帮助实现准确的刹车控制；环境传感器用于检测外界环境的光照、湿度、温度等参数，为车辆的自动控制系统提供必要的信息。

2.医疗设备

传感器在医疗设备中起着至关重要的作用，用于监测患者的生理指标并提供准确的数据支持。

心率传感器用于监测患者的心率变化，及时发现异常情况并采取适当的医疗措施；血氧传感器用于测量血液中的氧气饱和度，帮助评估患者的呼吸功能和整体健康状况；体温传感器用于测量患者的体温，帮助判断患者是否发热或出现其他身体异常。

3.环境监测

传感器在环境监测领域中发挥着重要的作用，帮助保护环境和资源管理。

大气传感器用于检测空气中的污染物浓度，包括有害气体、颗粒物等；水质传感器用于监测水体中的化学物质和微生物的含量，确保水质安全和净化；

土壤湿度传感器用于测量土壤的湿度变化，帮助实现灌溉系统的智能控制。

4.智能家居

传感器在智能家居系统中可以实现对家居设备的智能控制和安全监测。

人体红外传感器用于检测房间内是否有人存在，并根据人的动态来自动调节照明、温度等参数；烟雾传感器用于检测火灾和烟雾，及时触发报警和安全措施；门窗传感器用于检测门窗的开关状态，实现对家居安全系统的控制和监测。

以上仅是传感器应用领域的一些例子，传感器的应用涵盖了更多领域，如航空航天、农业、能源等。

二、执行器的原理及应用

（一）执行器的原理

执行器是一种能够将电信号或其他形式的输入信号转换为机械运动或力的装置。根据不同的工作原理和执行器类型，执行器可以通过电、液压、气动等方式来实现动作或力的产生。

1.电动马达

电动马达是最常见的执行器之一，通过将电能转化为机械能，实现旋转或直线运动。它的原理基于电磁感应和电流与磁场相互作用的效应。

（1）直流电机

直流电机的原理是利用电流通过绕组时产生的磁场与永磁体或电磁铁之间的相互作用，从而产生转矩和转动。

（2）步进电机

步进电机的原理是利用在电磁绕组中依次通电，产生磁场引起转子的磁性部分对磁场的吸引和排斥，从而实现精确的角度控制和定位。

（3）伺服电机

伺服电机的原理是通过接收反馈信号，并与输入信号进行比较，通过控制系统来调整电机的转速和位置，以实现精确的运动控制。

2.液压执行器

液压执行器利用液体的压力来产生机械运动或力，常见的液压执行器包括液压缸和液压马达。其原理基于液体不可压缩性和流体力学原理。

（1）液压缸

液压缸是利用液体在活塞两侧施加压力差，从而产生线性运动的装置。当液体从一侧进入液压缸时，活塞被推动，实现直线运动。

（2）液压马达

液压马达是将液体的压力转化为旋转运动的装置。液体通过液压马达的驱动腔，使齿轮或涡轮等部件旋转，从而输出机械功率。

3.气动执行器

气动执行器使用气体的压力来产生机械运动或力。常见的气动执行器包括气缸和气动马达。其原理基于气体压力的变化和流体力学原理。

（1）气缸

气缸是利用气体的压力差来产生线性运动的装置。当气体进入气缸时，活塞被推动，实现直线运动。通过控制气体的进出和压力的变化，可以实现气缸的控制和位置调节。

（2）气动马达

气动马达是将气体的压力转化为旋转运动的装置。气体通过气动马达的驱动腔，使齿轮或涡轮等部件旋转，从而输出机械功率。

以上是几种常见执行器的原理，还有其他类型的执行器，如电磁阀、电动线性执行器等，其工作原理各不相同。

（二）执行器的应用

执行器是一种能够将电信号或其他形式的输入信号转换为机械运动或力的装置。它们在各个领域中发挥着重要的作用，以下将介绍执行器在几个常见领域中的应用。

1.工业自动化

工业自动化是执行器应用最广泛的领域之一。执行器被广泛用于控制和驱动各种工业设备和机械。

电动马达用于驱动输送带、机械臂、机床等设备，实现精确的位置控制和运动；液压缸和液压马达用于控制大型机械臂、起重设备等，提供强大的力量和稳定的运动；气缸和气动马达用于控制和驱动自动化生产线上的活门、夹具等，实现快速而可靠的动作。

2.汽车制造

执行器在汽车制造领域用于控制和驱动汽车的各个系统和部件。

发动机的节气门、喷油嘴、点火系统等都依赖于执行器来控制和调节燃油供给、气门开闭等参数；制动盘和刹车片之间的压力传递和调节需要液压执行器来实现，确保刹车系统的安全和可靠性；电动助力转向系统中的执行器用于提供转向力量和精确的转向控制。

3.医疗设备

在医疗设备领域，执行器用于驱动和控制各种医疗设备。

自动注射器和输液泵使用电动执行器来控制药物的输送速度和剂量，实现精确的药物投放；智能假肢利用电动执行器来模拟肢体的运动和灵活性，帮助残障人士恢复行动能力。

4.航空航天工程

在航空航天工程领域，执行器被广泛应用于控制和驱动飞机、卫星等复杂系统。

飞机的副翼、襟翼等控制面通过电动执行器来实现对飞机姿态和飞行方向的调整；火箭发动机喷口的调节和控制需要液压执行器来提供精确的推力和稳定的动力输出。

以上是执行器在几个常见领域中的应用，执行器的应用涉及了其他领域，如能源、舞台表演等。

第三章　传感器技术与信号处理

第一节　传感器的基本原理和分类

传感器是现代科技中不可或缺的一部分，它们用于测量和检测物理量，并将其转化为可读取的电信号。

一、传感器的基本原理

传感器的基本原理是通过感知特定物理量并将其转化为可读取的电信号。这个过程通常包括以下几个步骤：

（一）感知

传感器通过感知元件来感知所需测量的物理量。感知元件根据不同的物理原理进行操作，如光学、电磁和压电等。

光敏元件是一种常见的感知元件，它利用光学原理感知光的强度或光照度。其中最常见的是光敏电阻，它的电阻值随着光照强度的变化而改变。当光照强度增加时，光敏电阻的电阻值减小；反之，当光照强度减小时，光敏电阻的电阻值增加。

压力传感器是另一种常见的感知元件，用于测量液体或气体的压力。压力传感器根据压阻原理工作，即当物体受到压力时，其电阻值发生变化。压力传感器通常由弯曲薄膜构成，当受到外部压力时，薄膜产生弯曲，导致电阻值的变化。通过测量电阻值的变化，可以确定压力的大小。

温度传感器用于测量环境或物体的温度。常见的温度传感器有热敏电阻和热电偶。热敏电阻的电阻值随着温度的变化而改变，当温度升高时，电阻值减小；反之，温度降低时，电阻值增加。热电偶是一种由两种不同金属组成的导线，根据温差产生的电势差来测量温度。

除了光敏元件、压力传感器和温度传感器外，还有许多其他类型的感知元件，它们都基于不同的物理原理，通过感知所需测量的物理量，为传感器提供输入信号。

（二）转换

感知元件将感知到的物理量转换为相应的非电信号，这个过程可以通过多种方式实现，包括光电转换、压电效应、热电效应等。

光电转换是一种常见的转换方式，它将光能转化为电能。当光线照射到光敏元件（如光敏电阻、光敏二极管）上时，光能会激发出电子，产生电流或改变电阻值。这样，感知到的光照强度或光的特性就被转换为了电信号。

压电效应是另一种常用的转换方式，它利用某些材料在受到压力或振动时产生电荷。当压力传感器感受到外部压力时，压电材料会发生形变，从而产生电荷。这样压力的变化就转换成了电信号。

热电效应是一种将温度差转换为电势差的方法。热电偶是基于热电效应工作的传感器之一。它由两种不同金属组成的导线连接在一起，当两端温度存在差异时，就会产生电势差，从而转换为电信号。

除了光电转换、压电效应和热电效应，还有其他一些转换方式。例如，电容型传感器通过测量电容的变化来转换物理量；电阻型传感器则是根据电阻值的变化进行转换。每种感知元件和转换方式都有其适用的场景和特点，根据不同的测量需求和应用领域选择合适的转换方式至关重要。

（三）放大

为了提高传感器的灵敏度和精度，通常需要对非电信号进行放大。这个过程可以通过使用放大器或运算放大器等电子元件来实现。

放大是传感器中一个关键的步骤，它能够增加感知到的非电信号的幅度，使其更容易被读取和处理。放大的主要目的是为了提高信号的强度，并减小信号中的噪声，从而提高测量的准确性和可靠性。

常见的放大器包括操作放大器（Operational Amplifier，简称 Op-Amp）和差分放大器。操作放大器是一种具有高增益、高输入阻抗和低输出阻抗的电子设备。它通常由多个晶体管和电阻构成，可以将非电信号放大到足够的水平以供后续处理。操作放大器在传感器应用中广泛使用，具有稳定性好、线性度高等优点。

差分放大器是一种特殊类型的放大器，用于放大差分信号（即两个输入信号之间的差异）。差分放大器具有高共模抑制比和抗干扰能力，适用于需要抑制共模噪声的应用场景。在传感器中，差分放大器常用于处理微弱的信号，并提高信号与噪声之间的信噪比。

在传感器中，放大通常发生在转换阶段之后。感知元件将非电信号转换为电信号后，这些电信号被送入放大器进行放大。放大器会根据设计要求和传感器的特性来选择合适的放大倍数。放大倍数越大，信号的幅度增加得越多，但同时也可能引入更多的噪声。因此，在选择放大倍数时需要综合考虑信号强度和噪声抑制的平衡。

除了放大器，还有其他一些电子元件可以用于信号放大，如运算放大器（Operational Amplifier，简称 Op-Amp）和仪表放大器（Instrumentation Amplifier）。它们都具有不同的特性和应用场景，在传感器中起到放大和增强信号的作用。

（四）转换

放大后的信号需要转换为电信号，以便能够被电子设备读取和处理。这个转换过程通常通过模数转换器（Analog-to-Digital Converter，简称 ADC）来实现，将连续的非电信号转换为数字信号。

模数转换器是一种电子设备，用于将连续的模拟信号转换为离散的数字信号。在传感器中，这一步骤非常重要，因为数字信号更易于存储、处理和传输。模数转换器将连续的非电信号按照一定的采样频率进行抽样，并将每个采样点的值转换为数字形式。

模数转换器的工作原理可以分为两个主要步骤：采样和量化。

1.采样

采样是从连续的非电信号中选择离散的采样点的过程。这一步骤通常由采样保持电路完成，它会在特定的时间间隔内对输入信号进行采样并保持其值。

在传感器中，采样是将模拟信号转换为数字信号的重要步骤之一。通过采样，连续变化的模拟信号被离散化为一系列的采样点。采样的频率决定了转换后的数字信号的精度和带宽。

采样频率是指每秒钟进行的采样次数，通常以赫兹（Hz）为单位表示。较高的采样频率意味着更多的采样点被记录下来，可以捕捉到更多的细节信息。但较高的采样频率也需要更大的存储和处理能力。

采样频率必须满足奈奎斯特采样定理，即采样频率必须大于被采样信号中最高频率成分的两倍。否则，会发生混叠现象，导致信号失真。

在选择采样频率时，需要综合考虑信号的频率范围和所需的测量精度。如果信号具有高频成分或快速变化，较高的采样频率可能是必要的。如果信号变化缓慢或频率较低，较低的采样频率可能足够。

通过合理选择采样频率，可以确保将模拟信号转换为数字信号时不会丢失重要的信息。同时，也需要注意平衡采样频率和存储、处理能力之间的关系，以满足应用需求。

2.量化

量化是将采样点的连续范围映射到有限的离散值的过程。这个过程通过量化器来实现，它将每个采样点的模拟值转换为相应的数字表示。

在传感器中，量化是将模拟信号转换为数字信号的关键步骤之一。通过量化，连续的模拟信号被离散化为一系列的离散值。

量化的精度通常由比特数决定，比特数越高，表示能力越精细。比特数指的是量化器可以使用的二进制位数，例如 8 位、12 位或 16 位等。较高的比特数意味着更多的离散级别，可以提供更准确的数字表示，但同时也需要更多的存储空间。

在量化过程中，模拟信号的幅度范围被划分为若干个离散级别。每个采样点的模拟值与最接近的离散级别对应，并用相应的数字表示来表示该采样点。这个数字表示通常是一个二进制码，如 0 和 1 组成的序列。

量化过程中的误差称为量化误差，它是模拟信号与量化后的数字表示之间的差异。量化误差可能会引入一定的信号失真，尤其是在较低的比特数下。为了减小量化误差，可以使用更高的比特数或者采用更精细的量化算法。

需要注意的是，量化的精度受到采样范围和量化器的动态范围的限制。动态范围是指量化器能够处理的最大和最小模拟信号幅度之间的差异。如果模拟信号超出了量化器的动态范围，将导致量化失真。

因此，在选择量化器时，需要考虑模拟信号的动态范围以及所需的测量精度。较高的比特数和更宽的动态范围通常可以提供更准确的数字表示，但也需要更多的存储空间和计算资源。

模数转换器根据不同的工作方式和精度要求可以分为多种类型，如逐次逼近型（Successive Approximation）ADC、积分型（Integrating）ADC 和闪存型（Flash）ADC 等。每种类型都有其优势和适用场景，可以根据具体的应用需求进行选择。

一旦信号被转换为数字形式，就可以使用计算机或其他电子设备进行进一步的处理和分析。数字信号可以进行数字滤波、数字信号处理、数据存储等操作，从而提取出所需的信息，并进行后续的控制、显示或决策。

（五）输出

传感器将数字信号输出到接收设备（如计算机、控制系统等），以便进行进一步的处理和分析。

在传感器中，输出是将经过转换和处理的数字信号传递给其他设备或系统的过程。这个过程可以通过不同的方式实现，取决于传感器的应用和需求。

一种常见的输出方式是使用通信协议将数字信号传输给接收设备。例如，传感器可以通过串行通信接口（如 UART、SPI、I2C 等）将数据发送给计算机或微控制器。这些通信协议提供了可靠的数据传输和通信控制，并且广泛应用于各种传感器应用中。

另一种输出方式是使用模拟输出。一些传感器具有内置的模拟输出接口，可以直接输出模拟信号。这样的输出可以直接连接到显示器、记录仪或控制系统等设备上，以实时显示或记录测量结果。

一些传感器还可以通过数字输出端口触发外部设备的操作。例如，某些传感器可以通过数字脉冲信号来触发报警器、执行器或其他控制设备的动作。这种输出方式可以实现对环境或物体的实时监控和控制。

为了确保准确和可靠的输出，传感器通常会进行校准和校验。校准是通过与已知参考值进行比较，调整传感器的输出以获得更准确的测量结果；校验是验证传感器输出的准确性和一致性。

二、传感器的分类

传感器可以根据测量的物理量、工作原理和应用领域进行分类。下面是几种常见的传感器分类方法：

（一）按测量的物理量分类

根据测量的物理量，传感器可以分为多个类别。

1.加速度传感器

用于测量物体的加速度或振动状态。加速度传感器广泛应用于汽车、航空等领域。它们通常采用微机电系统（MEMS）技术，通过测量物体的加速度或振动引起的微小变形来确定加速度大小。

2.湿度传感器

用于测量空气中的湿度水分含量。常见的湿度传感器包括电容式湿度传感器、电阻式湿度传感器等。它们通过检测材料在不同湿度下的电容变化或电阻变化来测量湿度。

3.气体传感器

用于测量空气中特定气体的浓度。例如二氧化碳传感器、氧气传感器等。这些传感器通过与目标气体发生化学反应或使用特定的传感技术来测量气体的浓度。

（二）按工作原理分类

根据传感器的工作原理，可以将其分类为以下几种类型：

1.电阻型传感器

这类传感器是根据电阻值的变化来测量物理量的。常见的电阻型传感器包括热敏电阻、应变片传感器等。例如，热敏电阻根据温度的变化导致其电阻值的变化，从而测量温度。

2.容性型传感器

这类传感器是根据电容值的变化来测量物理量的。典型的容性型传感器包括电容式湿度传感器等。通过测量材料中存储的电荷量或电容值的变化，可以确定湿度等物理量。

3.压阻型传感器

这类传感器是根据电阻值的变化来测量物理量的。压力传感器是其中常见的一种。通过测量材料在受到压力作用时的形变或电阻值的变化，可以确定压力大小。

4.光学型传感器

这类传感器利用光的特性进行测量。常见的光学型传感器包括光敏二极管、激光传感器等。通过测量光线的强度、波长或反射等特性，可以实现对物理量的测量。

（三）按应用领域分类

根据应用领域的不同，传感器可以分为以下几种常见的分类：

1.工业传感器

这类传感器主要应用于工业自动化、生产监控等领域。常见的工业传感器包括液位传感器、流量传感器、温度传感器等。它们用于监测和控制工业过程中的各种物理量，以提高生产效率和质量。

2.医疗传感器

这类传感器主要应用于医疗设备、健康监测等领域。常见的医疗传感器包括心率传感器、血压传感器、体温传感器等。它们用于测量和监测患者的生理参数，帮助医疗人员进行诊断和治疗。

3.环境传感器

这类传感器主要应用于环境监测、气象预测等领域。常见的环境传感器包括温湿度传感器、大气压力传感器、空气质量传感器等。它们用于测量和监测环境中的各种物理量，以评估和改善环境质量。

4.汽车传感器

这类传感器主要应用于汽车控制系统、安全系统等领域。常见的汽车传感器包括车速传感器、气囊传感器、倒车雷达传感器等。它们用于监测和控制汽车运行状态，提供驾驶辅助和安全保护功能。

第二节　传感器信号的采集与处理

传感器信号的采集与处理是确保传感器正常工作以及准确获取并分析传感器数据的重要步骤。

一、传感器信号的采集

传感器信号的采集是指将各种物理量转换为可测量的电信号，并通过适当的接口与数据采集设备连接，以便后续处理和分析。传感器信号的准确采集对于获取可靠的数据和实现有效的监测和控制至关重要。

（一）传感器信号的采集原理

传感器根据被测量物理量的不同特性和工作原理而有所区别。常见的传感器类型包括以下几种。

1.模拟传感器信号

模拟传感器信号是一种连续变化的模拟电信号，通常以电压或电流的形式表示。例如，温度传感器通过测量电阻的变化来反映温度的变化，并输出一个与温度相关的电压信号。这种模拟信号需要经过模数转换器（ADC）进行转换，才能被数字设备识别和处理。

模拟传感器信号的采集过程可以分为三个主要步骤：感知、转换和采样。

（1）感知

传感器根据被测量物理量的特性和工作原理，将其转换为相应的模拟电信号。例如，温度传感器中的热敏元件会随着温度的变化而改变其电阻值，从而产生一个与温度相关的电压信号。

（2）转换

模拟传感器信号需要经过 ADC 进行转换，将连续变化的模拟信号转换为离散的数字信号。ADC 将模拟信号按照一定的时间间隔进行采样，并将每个采样点的幅度量化为对应的数字值。

（3）采样

ADC 采样率决定了模拟信号在单位时间内被采集的次数。较高的采样率可以更准确地表示原始模拟信号，但也会增加数据处理的复杂性和存储需求。

一旦模拟传感器信号经过 ADC 转换为数字信号，就可以被数字设备（如微控制器、计算机等）进行识别和处理。数字设备可以根据采集到的数字信号进行进一步的分析、存储和控制操作。

2.数字传感器信号

数字传感器输出的信号是一种离散的数字信号，通常以二进制形式表示。这些传感器内部已经将物理量转换为数字形式，并通过特定的协议和接口与数据采集设备进行通信。

数字传感器直接输出数字信号，无需经过模数转换器（ADC）的转换。它们内部集成了传感元件、信号处理电路和通信接口等组件，能够将被测量物理量准确地转换为相应的数字编码。

数字传感器的输出可以直接被数字设备（如微控制器、计算机等）识别和处理，无需额外的转换步骤。通过特定的协议和接口，数据采集设备可以与数字传感器进行通信，并获取传感器输出的数字信号。

不同类型的数字传感器采用不同的通信协议和接口，如 I2C、SPI、UART 等。这些协议和接口提供了数据传输和控制的方式，使得数字传感器能够与其他设备进行有效的数据交换。

数字传感器具有许多优势，包括高精度、低功耗、抗干扰能力强等。由于数字传感器直接输出数字信号，不需要进行模拟信号的转换和处理，因此在数据的采集和处理过程中能够提供更高的准确性和可靠性。

3.脉冲传感器信号

脉冲传感器输出的信号是一系列脉冲波形，其频率或脉冲数量与被测量物理量相关。脉冲传感器通常通过检测特定事件或物体的存在来产生脉冲信号，从而反映被测量物理量的特征。

脉冲传感器的工作原理基于事件的发生或物体的运动。当被测事件发生或物体经过传感器时，传感器将生成一个脉冲信号。这个脉冲信号的频率或脉冲数量与被测量物理量的变化相关联。

例如，流量传感器通常使用脉冲传感器来测量液体或气体的流量。当液体或气体流过传感器时，传感器就会产生脉冲信号，脉冲的数量与流过的液体或气体的体积成比例。通过计算脉冲的频率或脉冲数量，可以确定流量的大小。

其他应用中也有类似的脉冲传感器。例如，速度传感器可以通过检测车轮旋转时产生的脉冲数来测量车辆的速度；计数器传感器可以通过检测物体通过传感器的次数来计数。

（二）传感器信号的采集方法

传感器信号的采集需要通过适当的接口和设备将传感器与数据采集系统连接起来。以下是几种常见的传感器信号采集方法：

1.模拟信号接口

模拟信号接口是将传感器输出的模拟信号直接传输给数据采集设备的一种接口。这种接口通常需要进行放大、滤波和调理等处理，以确保信号的质量和准确性。

当传感器产生模拟信号时，该信号可能具有较小的幅度或存在噪声和干扰。因此，在将模拟信号传输给数据采集设备之前，通常需要进行一些处理步骤。

放大是一种常见的处理方式。由于传感器输出的模拟信号可能具有较小的幅度，为了提高信号的灵敏度和可靠性，可以使用放大器将信号的幅度增加到合适的范围内。放大器可以根据需要进行调整，以满足特定应用的要求。

滤波也是模拟信号接口中常用的处理方法。信号在传输过程中可能受到来自电源、环境或其他电子设备的噪声和干扰影响。为了去除这些干扰信号，可以使用滤波器对模拟信号进行滤波处理。滤波器可以选择不同的类型和参数，以满足特定应用的需求。

模拟信号接口还可能需要进行信号调理和线性化处理。由于传感器输出的模拟信号与被测量物理量之间不一定是线性关系，为了建立准确的对应关系，可能需要进行信号调理和线性化处理。这些处理步骤可以通过使用校准曲线、查找表或数学模型等方法来实现。

常见的模拟信号接口包括电压接口、电流接口和电阻接口等。例如，温度传感器通常通过变化的电阻值来表示温度变化，而压力传感器可能通过改变电压信号的幅度来反映压力的变化。

2.数字信号接口

数字信号接口是将传感器输出的模拟信号经过模数转换器（ADC）转换为数字信号后进行传输的一种接口。相比于模拟信号接口，数字信号接口具有较好的抗干扰能力和准确性。

在数字信号接口中，模拟信号首先通过模数转换器（ADC）进行转换，将连续变化的模拟信号离散化为一系列数字值。这些数字值可以直接表示被测量物理量的大小或其他相关信息。转换后的数字信号通常以二进制形式表示，以便数字设备进行处理和解读。

常见的数字信号接口包括 I2C（Inter-Integrated Circuit）、SPI（Serial Peripheral Interface）和 UART（Universal Asynchronous Receiver-Transmitter）等。这些接口提供了不同的数据传输协议和通信方式，使得传感器与数据采集设备之间能够进行可靠的数字信号传输。

例如，I2C 是一种串行通信协议，通过两根线（时钟线和数据线）实现多个设备之间的通信。SPI 是一种全双工的串行通信协议，需要使用多根线（时钟线、数据输入线和数据输出线）进行数据传输。而 UART 是一种异步串行通信协议，使用一对线（发送线和接收线）进行数据的传输。

3.脉冲计数接口

脉冲计数接口是一种用于与脉冲传感器连接的接口，通过实时计数传感器输出的脉冲数量来获取相关的物理量信息。这种接口可以将脉冲信号转换为相应的物理量，并提供给数据采集设备进行处理和分析。

脉冲计数接口通常使用计数器、频率计或定时器等设备来实现。当脉冲传感器检测到特定事件或物体经过时，它会产生一系列脉冲信号。脉冲计数接口会实时计数这些脉冲信号的数量，并将其转换为对应的物理量值。

计数器是一种基本的脉冲计数设备，它可以记录传感器输出的脉冲数量。通过对计数器的读取操作，可以获取脉冲的数量，进而推导出被测量物理量的数值。

频率计是一种能够测量脉冲信号频率的设备。通过测量单位时间内脉冲的数量，可以计算出脉冲信号的频率。从而推导出被测量物理量的相关信息，如流量、速度等。

定时器是一种可测量时间间隔的设备，它可以记录连续脉冲之间的时间间隔。通过测量时间间隔，可以计算出脉冲信号的周期，进而推导出被测量物理量的相关信息。

脉冲计数接口具有广泛的应用。例如，在流量测量中，传感器通常会输出与流体流过的单位时间内脉冲数量成比例的脉冲信号。通过脉冲计数接口，可以实时记录和计算脉冲数量，并转换为相应的流量数值。

二、传感器信号的处理

传感器信号的处理是指对从传感器采集到的原始数据进行分析、提取和处理，以获得有用的信息和知识。

（一）传感器信号处理的基本原理

传感器信号处理的基本原理是通过分析和处理传感器输出的信号，提取出信号中所包含的有用信息。传感器信号处理通常涉及以下几个方面：

1.数据预处理

数据预处理是信号处理的前提步骤，它包括去除噪声、滤波和校准等操作，以提高原始数据的质量和可靠性。

去除噪声是预处理中的重要环节。噪声可能由于电磁干扰、传感器故障或环境因素引起。通过使用滤波器、降噪算法或消除异常值等方法，可以有效降低噪声对信号的干扰，从而提高信号的清晰度和准确性。

滤波是数据预处理的另一个关键步骤。滤波可以去除信号中的高频或低频成分，使信号更易于分析和理解。常用的滤波器包括低通滤波器、高通滤波器和带通滤波器等。根据实际需求选择适当的滤波器可以削弱或消除不需要的频率成分，从而提高信号的可读性和解释性。

校准是数据预处理的最后一步。传感器本身存在误差和漂移，这些误差会影响信号的准确性和稳定性。通过对传感器进行校准，可以消除这些误差并保证信号的准确性。校准可以采用标定技术或参考信号进行，通过将测量结果与已知准确值进行比较，可以确定传感器的误差并进行修正。

2.特征提取

特征提取是从原始信号中提取出具有代表性的特征参数的过程，用于描述和表示信号的关键信息。通过分析信号的幅值、频率、时域和频域特征等，可以获得对被测量物理量有意义的特征参数。

在特征提取过程中，首先需要选择合适的特征，要根据具体应用领域和研究目标来确定所需特征。常见的特征包括幅值特征（如最大值、最小值、均值）、时域特征（如时长、斜率）和频域特征（如频谱能量、主频成分）等。

针对选定的特征，需要设计相应的特征提取算法或方法。这些算法可以基于数学模型、统计分析或机器学习等技术进行。例如，可以使用峰值检测算法来提取心电图信号中的 R 波峰值，以及计算心率。也可以利用频谱分析方法来提取声音信号中的主频成分和频谱能量。

特征提取的目标是减少数据维度并保留最重要的信息。通过提取代表性的特征参数，可以简化信号处理的复杂性，并提高后续分析和识别任务的效率和准确性。特征提取还可以帮助发现信号中的隐藏模式、趋势和规律，为进一步的数据挖掘和应用提供支持。

3.数据分析与处理

传感器信号的数据分析和处理是根据具体应用需求进行的重要环节。它涉及多种方法，包括统计分析、模式识别和机器学习等技术。通过对传感器信号进行分析和处理，可以发现信号中的规律、趋势和异常，为后续的决策和应用提供支持。

在数据分析和处理过程中，统计分析是一种常用的方法。通过对信号进行统计量的计算和分析，可以揭示信号的分布特征、均值、方差等参数，从而了解信号的整体情况。统计分析还可以帮助判断信号是否满足某种分布假设，以及评估不确定性和置信度。

另一方面，模式识别是一种重要的数据分析方法。它可以从大量的传感器信号中识别出特定的模式或规律，并将其与预先定义的模型进行匹配。模式识别可以用于检测和分类，例如通过分析声音信号来识别语音指令，或通过分析图像信号来识别目标物体。

机器学习也被广泛应用于传感器信号的数据分析和处理中。机器学习算法可以根据已有的训练数据，自动学习并建立模型，用于预测、分类或聚类等任务。例如，可以使用监督学习算法对传感器信号进行分类，或使用无监督学习算法进行异常检测。

数据分析和处理的目标是从海量的传感器数据中提取有用的信息和知识，并为决策和应用提供支持。通过运用适当的统计分析、模式识别和机器学习等方法，可以揭示信号中的隐藏规律，帮助优化系统性能、改进产品设计、进行故障检测等。因此，数据分析和处理在各个领域中具有重要意义。

（二）传感器信号处理的常见方法

传感器信号处理涉及多种方法和技术，以下是其中一些常见的方法：

1.滤波

滤波是一种对信号进行频率选择性处理的方法，用于去除噪声、干扰和不需要的频率成分，从而提高信号的质量和可靠性。

低通滤波是最常见的一种滤波方法。它可以通过抑制高频部分，使得信号中的低频成分得以保留。低通滤波器允许低频信号通过，而阻止高频信号的传递。这样可以有效地去除高频噪声和干扰，使得信号更加平滑和稳定。低通滤波在音频信号处理、图像处理等领域有着广泛的应用。

与之相反，高通滤波则可以去除信号中的低频成分，保留高频信息。高通滤波器可以抑制低频信号的传递，而允许高频信号通过。高通滤波器常用于去除直流偏移、背景噪声和低频干扰等。在语音识别、图像锐化等领域，高通滤波起到了重要的作用。

带通滤波是一种同时允许特定频率范围内的信号通过的滤波方法。带通滤波器可以选择性地传递一定频率范围内的信号，而抑制其他频率范围的信号。带通滤波器常用于提取特定频率范围内的信号或去除不需要的频率成分。在语音处理、无线通信等领域，带通滤波器具有重要的应用价值。

2.特征提取

通过选择适当的特征和相应的提取方法，可以将信号转化为更简洁、易于理解和处理的形式。

在特征提取过程中，时域特征是最常用的一类特征。时域特征描述了信号在时间轴上的变化情况，包括均值、方差、标准差、峰值等。这些特征可以提供关于信号的幅度、稳定性和分布等信息。例如，在语音信号中提取时域特征可以得到音频的平均能量和时长等。

另一类常见的特征是频域特征。频域特征是通过对信号进行傅里叶变换或功率谱密度估计等方法获得的，用于描述信号在频率域上的特性。常见的频域特征包括频率峰值、频带能量分布、频率熵等。频域特征可以揭示信号的频率成分和能量分布，例如在心电图信号中提取出的主导频率成分和频谱能量。

小波变换也是一种常用的特征提取方法。小波变换可以将信号分解为不同尺度和频率的子信号，从而提取出具有不同特征的子信号。通过小波变换可以获得信号的局部特征、瞬时频率和时频分布等信息。例如，在图像处理中，可以利用小波变换提取出纹理特征和边缘特征。

特征提取的目标是将复杂的原始信号转化为更简洁、易于处理和分析的特征表示形式。通过选择适当的特征和相应的提取方法，可以减少数据的维度，并捕捉到信号中最重要的信息。这有助于降低计算复杂性、改善模型的泛化能力，以及增强对信号的解释和理解能力。

3.数据降维

数据降维是一种将高维数据转化为低维表示的过程，通过这一过程可以利用较少的特征来描述原始数据的特性。常见的数据降维方法包括主成分分析（PCA）和线性判别分析（LDA）等。

在实际应用中，数据通常会包含大量的特征，而其中一部分特征可能是冗余或无关的。这些冗余特征不仅增加了计算和存储的负担，还可能导致模型过拟合。通过数据降维，我们可以去除这些冗余特征，从而减少数据的复杂性和冗余性。

主成分分析（PCA）是一种常用的数据降维方法。它通过将原始数据投影到新的坐标系上，使得投影后的数据具有最大的方差。这样做的目的是保留原始数据中包含的最重要的信息，同时丢弃那些方差较小的特征。

线性判别分析（LDA）则是一种监督学习的降维方法。它在保持数据可分性的前提下，将原始数据映射到一个低维空间中。LDA 通过最大化类间距离和最小化类内距离的方式，寻找一个最优的投影方向，从而实现数据降维。

数据降维在信号处理中起着重要作用。通过减少数据的维度，我们可以提高信号处理的效率和速度，同时还能够更好地可视化和理解数据。数据降维还可以帮助我们发现数据中隐藏的模式和关系，为后续的数据分析和建模提供更加有效的特征。

4.模式识别

模式识别是一种通过构建模型和分类器来辨识和分类信号的过程。它是一项涵盖多个领域的交叉学科，包括计算机科学、统计学和模式识别技术等。模式识别的目标是从大量的数据中提取有意义的信息，并将其归类或用于进一步的决策分析。

在模式识别中，常见的方法之一是支持向量机（Support Vector Machine，SVM）。SVM 通过寻找一个最优超平面，将不同类别的样本点有效地分开。它在处理线性可分或近似线性可分的问题时表现出色。另一个常用的方法是人工神经网络（Artificial Neural Network，ANN）。ANN 模拟了生物神经元的结构和功能，通过训练神经网络，使其能够自动学习并识别输入数据中的模式。隐马尔可夫模型（Hidden Markov Model，HMM）则广泛应用于序列数据的建模和预测，特别适用于语音识别和自然语言处理等领域。

模式识别可以帮助我们发现信号中的模式、趋势和异常。例如，在金融领域中，我们可以利用模式识别技术来识别市场趋势和交易模式，从而进行投资决策。在医学领域，模式识别可以用于识别疾病的早期征兆或诊断结果，帮助医生做出正确的治疗决策。在安全监控领域，模式识别可以帮助检测异常行为或入侵事件，保护人们的生命和财产安全。

（三）传感器信号处理的相关技术

传感器信号处理涉及一些相关的技术和工具，以实现有效的处理和分析：

1.数字信号处理（DSP）

数字信号处理（Digital Signal Processing，DSP）是一种对数字信号进行算法和处理的技术。它涉及一系列的方法和技巧，如谱分析和频域变换等，旨在改善信号质量、提取特征以及进行数据分析。

在数字信号处理中，谱分析用于将信号转换到频域，并展示信号在不同频率上的能量分布情况。常见的谱分析方法包括傅里叶变换（FT）、快速傅里叶变换（FFT）和功率谱密度估计等。通过谱分析，我们可以了解信号的频率成分、频谱特征以及信号在不同频段上的能量分布情况，为信号处理和特征提取提供了基础。

频域变换也是数字信号处理的重要内容之一。它可以将信号从时域转换到频域，以揭示信号的频率特性。常用的频域变换方法包括傅里叶变换（FT）、离散傅里叶变换（DFT）和小波变换（WT）等。这些变换技术可以帮助我们在频域上对信号进行分析和处理，例如检测频率成分、提取周期性信息以及进行信号压缩等。

数字信号处理技术在传感器信号处理领域具有广泛应用。传感器通常会产生模拟信号，而数字信号处理可以将其转换为数字信号，并对其进行滤波、分析和提取特征等操作。这些操作可以帮助我们准确地感知和理解来自传感器的信息，从而实现各种应用。

2.数据可视化

数据可视化是一种将数据以图形、图表等可视化形式展示的技术。通过数据可视化，可以直观地呈现传感器信号的特征和变化趋势，提供更直观的理解和分析方式。

数据可视化的目的是通过视觉化的方式将复杂的数据转化为易于理解和解释的图像。它可以帮助我们从大量的数据中发现模式、趋势和异常，并进行更深入的数据分析。通过数据可视化，我们可以更好地理解数据之间的关系，发现隐藏在数据背后的信息和见解。

在传感器信号处理领域，数据可视化可以帮助我们直观地观察和分析传感器所收集到的数据。例如，通过绘制传感器信号的时间序列图，我们可以看到信号随时间的变化情况，了解其周期性、趋势和峰值等特征。数据可视化还可以将多个传感器的数据进行对比和叠加显示，以便更好地理解它们之间的关系和相互作用。

常见的数据可视化方法包括折线图、柱状图、散点图、雷达图、热力图等。这些图表可以根据数据类型和需求来选择和设计，以最佳的方式展示数据的特征和变化趋势。还可以使用交互式可视化工具，如可缩放的时间轴、滚动条、筛选器等，以便用户能够更灵活地探索和分析数据。

数据可视化在许多领域都有广泛应用。在科学研究中，数据可视化可以帮助研究人员发现新的关联和模式，推动科学发现和创新；在商业领域，数据可视化可以帮助企业了解市场趋势、消费者行为和业务绩效，从而做出更明智的决策；在教育领域，数据可视化可以帮助学生更好地理解和掌握复杂的概念和数据。

3.实时处理

实时处理是指对传感器信号进行即时响应和处理的能力。它要求在给定时间范围内，以高效的算法和处理方法对信号进行分析、提取特征和做出决策，以满足实时性和准确性的要求。

实时处理要求高效的算法和处理方法。一方面，需要使用高性能的计算平台和硬件设备，以保证处理速度和响应时间。另一方面，需要设计和优化算法，以提高计算效率和减少延迟。常见的实时处理算法包括滤波、峰值检测、模式识别和机器学习等。这些算法可以根据实际需求和数据特点来选择和应用，以满足实时处理的要求。

为了实现实时处理，还需要有效的数据传输和通信机制。传感器信号通常通过网络或总线传输到处理系统，因此需要优化数据传输协议和通信接口，以确保数据的及时性和完整性。同时，还需要考虑数据压缩和存储技术，以减少数据量和提高存储效率。

第三节　传感器在智能电气设备中的应用

随着科技的不断进步和人们对生活质量要求的提高，智能电气设备在我们的日常生活中扮演着越来越重要的角色。而作为智能电气设备的核心组成部分之一，传感器的应用也变得越来越广泛。下面将从智能家居、工业自动化以及能源管理三个方面，探讨传感器在智能电气设备中的应用。

一、智能家居

智能家居是近年来受到广泛关注的领域，它通过将各种传感器与家居设备相连，实现智能化的控制和管理。以下是传感器在智能家居中的一些应用：

（一）温度传感器

温度传感器在智能电气设备中的应用非常广泛。它可以监测室内温度，并根据设定的温度范围自动调节空调或供暖系统，以提供舒适的室内温度环境。同时，温度传感器还能够帮助节约能源。

在智能家居领域，温度传感器被广泛应用于室内温控系统中。传感器通过实时监测室内温度的变化，将数据反馈给智能控制系统。系统会根据用户设定的温度范围，自动调节空调或供暖系统的工作状态，以维持室内的舒适温度。当温度超出设定范围时，系统会自动启动或关闭相应的设备，以保持温度稳定。

利用温度传感器可以实现智能温控系统提供个性化的温度控制体验。用户可以根据自己的喜好和需求，设定不同的温度范围，使得室内温度更符合个人喜好。智能温控系统能够根据室内外温度变化进行自动调节，避免了人工干预的麻烦。无论是夏季的制冷还是冬季的供暖，智能温控系统都能够在不同季节提供最佳的环境舒适度。

温度传感器在节约能源方面也发挥着重要作用。通过实时监测室内温度，智能温控系统可以根据需求调整空调或供暖系统的运行状态，使其在必要时启动或关闭，以避免能源的浪费。这样不仅能够降低能源消耗，减少对环境的负荷，还能够为用户节约能源开支。

（二）光照传感器

光照传感器是一种能够感知室内外光线强度的设备，其作用是根据实际需求自动调节窗帘开合或灯光亮度。通过使用光照传感器，我们可以实现节能和舒适度之间的平衡，因为它能够根据光线条件来智能地控制室内照明。

在室内环境中，光照强度的变化对人们的视觉体验和舒适度有着重要影响。当光线过强时，可能会导致眩光和视觉不适，而在昏暗的环境下，可能会造成视觉疲劳和难以辨认物体的问题。因此，通过使用光照传感器，可以实现自动调节窗帘开合和灯光亮度的功能，以保持适宜的光线条件。

光照传感器的工作原理基于光电效应，即光照射到传感器上时，产生电流或电压的变化。这些变化被传感器捕获并转换为数字信号，然后通过连接的控制系统进行处理。根据预设的阈值或算法，控制系统可以判断当前的光照强度，并根据需要自动调整窗帘开合或灯光亮度。

例如，在白天阳光充足的情况下，光照传感器可以感知到光线强度较高，控制系统会发送信号给窗帘控制器，使其自动关闭窗帘以遮挡一部分阳光。这样可以防止过强的光进入室内，保持室内的舒适度和温度。

另一方面，在夜晚或昏暗的环境下，光照传感器可以感知到光线较弱，控制系统会发送信号给灯光控制器，使其自动调亮灯光以提供足够的照明。这样可以确保人们在室内有良好的视觉体验，并提高安全性。

通过使用光照传感器，我们能够实现智能化的照明控制，不仅可以提高生活的便利性和舒适度，还可以节约能源和降低能耗。光照传感器广泛应用于家庭、办公室、商业建筑等各种场所，为人们创造了更加智能和环保的生活环境。

（三）气体传感器

气体传感器是一种用于检测室内有害气体浓度的设备，其主要功能是在检测到有害气体超过安全范围时，自动报警并采取相应的措施，以保障人员的健康和安全。

在室内环境中，存在一些潜在的有害气体，如一氧化碳、甲醛等。这些有害气体可能来自于燃气设备、装修材料、家具等，它们对人体健康有着严重的危害。一氧化碳是一种无色、无味、无臭的气体，高浓度的一氧化碳可以导致中毒甚至死亡；而甲醛是一种挥发性有机化合物，长期暴露于高浓度的甲醛中会引发眼、鼻、喉等不适症状，并对呼吸系统和免疫系统造成损害。

气体传感器的工作原理基于特定气体与传感器之间的相互作用。传感器通常包含一个敏感元件，当目标气体接触到敏感元件时，会引起电信号的变化。通过读取这个变化，传感器可以检测和量化目标气体的浓度。

在实际应用中，气体传感器通常与监控系统或报警器相结合。一旦气体传感器检测到有害气体超过安全范围，它会向连接的控制系统发送信号，并触发监控系统或报警器以提醒人们有危险存在。同时，系统也可以采取进一步的措施，如自动关闭相关设备、开启通风系统等，以降低有害气体的浓度并保障人员的健康和安全。

（四）门窗传感器

门窗传感器是一种用于监测门窗状态的设备，其主要功能是在门窗被打开或关闭时，系统可以及时发出警报或通知用户。这有助于提高家庭的安全性，防止入侵事件的发生。

家庭安全对于每个人来说都是至关重要的。门窗是家庭安全的第一道防线，如果未经授权的人员进入家中，可能会导致财产损失、个人安全问题甚至更严重的后果。因此，通过安装门窗传感器，我们可以实时监测门窗的状态，并在异常情况下采取相应的措施。

门窗传感器的工作原理是基于磁性或光电效应。一种常见的设计是将一个磁性传感器安装在门窗框架上，而另一个磁铁则安装在门窗本身内。当门窗关闭时，两者之间的距离较近，磁性传感器可以检测到磁场的特征变化。而当门窗打开时，磁铁与磁性传感器之间的距离增加，磁场的特征也发生变化，传感器会触发信号。

另一种常见的设计是使用光电传感器，它可以通过发射光线并检测光线的反射或遮挡情况来判断门窗的状态。当门窗关闭时，光线可以从传感器发射到接收器上，而当门窗打开时，光线会被反射或遮挡，传感器会发出相应的信号。

一旦门窗传感器检测到异常情况，如门窗被打开或关闭，它会向连接的控制系统发送信号，并触发警报装置或通知用户的手机或电子设备。这样，家人可以及时得知门窗的状态，并采取必要的行动，例如联系警察或邻居，确保家庭的安全。

二、工业自动化

在工业领域，传感器在智能电气设备中的应用更是广泛。以下是一些常见的应用场景：

（一）压力传感器

压力传感器是一种用于监测管道、容器或设备中的压力变化的设备。其主要功能是通过实时监测压力，以便系统能够及时调整工艺参数或发出警报，从而防止设备损坏或事故的发生。

在各种工业和制造过程中，压力是一个重要的参数，对于设备的正常运行和产品质量有着关键的影响。例如，在液体或气体输送管道中，压力的变化可以反映流体的流动状态和管道的堵塞情况。在机械设备中，正确的压力设置能够保证设备的性能和安全性。因此，使用压力传感器进行实时监测和控制是非常重要的。

压力传感器的工作原理基于应变或电容的变化。一种常见的设计是将压力传感器安装在待测介质所处的位置，并通过应变片或膜片来感知压力变化。当压力施加到传感器上时，应变片或膜片会发生形变，导致电阻或电容的变化。这些变化被传感器读取，并转换为相应的电信号，供连接的控制系统进行处理。

通过连接的控制系统，压力传感器可以实时监测和记录压力变化，并根据预设的阈值或算法来判断当前状态。例如，如果压力超过设定的安全范围，控制系统可以自动发出警报或触发相应的保护措施，如关闭阀门、减少进料流量等，以防止设备损坏或事故的发生。

压力传感器还可以与自动控制系统结合使用，实现对工艺参数的实时调整。通过监测管道或容器中的压力变化，控制系统可以根据预设的控制策略，自动调整阀门、泵等设备的运行状态，以保持压力在目标范围内。

（二）流量传感器

流量传感器是一种用于检测液体或气体在管道中的流动速度和流量的设备。其主要功能是通过实时监测流体的流动情况，对工业过程中的物料输送和流程管理进行控制，以提高生产效率和质量。

例如，在化工工业中，精确地控制液体或气体的流量可以确保反应物料的准确配比，从而保证产品的质量；在供水系统中，合理调节水流量可以提供稳定的供水压力和满足用户的需求。

流量传感器的工作原理根据不同的类型会有所差异。一种常见的设计是利用压力差或振动频率来估算流量。例如，差压式流量传感器通过在管道中安装两个压力传感器，测量流体通过时产生的压力差，并根据已知的关系将其转换为流速和流量。振动式流量传感器则通过测量流体通过管道时产生的振动频率来判断流速和流量。

通过连接的控制系统，流量传感器可以实时监测和记录流体的流动情况，并根据预设的阈值或算法进行分析和控制。例如，如果流量超过设定的限制范围，控制系统可以发出警报或触发相应的控制策略，如调节阀门的开度、改变泵的运行状态等，以维持流量在目标范围内。

（三）位移传感器

位移传感器是一种用于测量物体位置和运动状态的重要设备。它在自动化生产线上扮演着关键的角色，能够监测机械臂、传送带等设备的位置信息，从而实现精确的控制和调度。

位移传感器作为其中一种重要的传感器类型，具有多样化的工作原理和应用方式。常见的位移传感器包括光电编码器、磁性编码器、拉绳式传感器等。

光电编码器是一种基于光电效应的位移传感器。它通过光栅、光电二极管等光学元件来测量物体的位移。当物体移动时，光栅会产生光电信号变化，进而被光电二极管检测并转换成电信号。这种传感器具有高精度、快速响应的特点，适用于需要高精度测量的场景。

磁性编码器是利用磁性材料的特性进行位移测量的传感器。它通常由磁头和磁性刻度组成。当物体移动时，磁头会感知到磁性刻度上的磁场变化，并将其转换成电信号。磁性编码器具有高分辨率、抗干扰能力强的特点，适用于工作环境较为恶劣的场合。

拉绳式传感器则是一种利用拉绳和螺旋机构实现位移测量的传感器。它通过拉绳与被测物体相连接，当物体移动时，拉绳受到的拉力会变化，并通过螺旋机构将其转换成位移信号。这种传感器结构简单、成本较低，适用于一些较为简单的位移测量任务。

位移传感器通过监测设备的位置信息，可以实现对机械臂、传送带等设备的精确控制和调度。例如，在装配线上，位移传感器可以监测零件的位置，从而确保装配过程的准确性和高效性。在物流系统中，位移传感器可以实时监测货物的位置，进行智能化的仓储和分拣操作。在机器人应用中，位移传感器也是实现精准定位和运动控制的重要组成部分。

三、能源管理

传感器在能源管理领域也扮演着重要的角色，以下是一些应用：

（一）电能传感器

电能传感器是一种用于监测家庭或工业等场所电能消耗情况的重要设备。它通过实时监测电能使用情况，为用户提供准确的数据和分析，帮助他们了解电能的消耗情况，并采取相应的节能措施。

随着能源资源的日益紧张和环境保护意识的增强，对电能的高效利用成为人们关注的焦点。电能传感器作为能源管理系统中不可或缺的组成部分，能够实时监测电能的使用情况，并将数据传输到后台系统进行处理和分析。

电能传感器主要通过测量电流、电压和功率等参数来获取电能消耗情况。其中，测量电流可以通过电流互感器或霍尔效应传感器实现，测量电压则通常采用电压互感器或电位器传感器。这些传感器能够将电流和电压转换成相应的电信号，并通过内置的芯片进行数据处理和传输。

电能传感器的应用范围广泛，既可以用于家庭用电监测，也可以用于工业生产线的电能管理。在家庭中，电能传感器可以连接到电表上，实时监测家庭的电能使用情况，并将数据传输到手机或电脑等设备上供用户查看。通过对电能消耗情况的了解，用户可以制定合理的用电计划，避免不必要的能源浪费。

在工业场所，电能传感器可以与能源管理系统相连，实时监测各个设备和机器的电能消耗情况。通过对电能数据的分析，用户可以发现潜在的能源浪费问题，并采取相应的措施进行优化。例如，可以调整生产设备的运行时间，优化能源利用效率，从而降低生产成本和环境负荷。

除了节能方面的应用，电能传感器还可以用于电能计量和电费结算。通过准确监测电能消耗情况，可以实现精确的电费计算和结算，避免因估算误差而导致纠纷和损失。

（二）太阳能传感器

太阳能传感器是一种用于感知光照强度和角度的重要设备，其主要应用于太阳能发电系统中。通过实时监测太阳光的照射情况，太阳能传感器可以根据光照信息调整太阳能电池板的角度和转向，以最大程度地利用太阳能资源，提高太阳能发电系统的效率。

在太阳能发电系统中，太阳能电池板是将太阳光直接转换为电能的关键组件。然而，太阳光的照射角度和光照强度会随着时间和季节的变化而改变，这就需要太阳能传感器来监测并调整太阳能电池板的位置和方向，以确保其能够始终面向太阳，从而最大限度地吸收太阳的能量。

太阳能传感器通常由光敏元件、角度传感器和控制装置等组成。光敏元件如光敏电阻或光电二极管，负责感知光照强度等。角度传感器则用于检测太阳能电池板的倾斜角度和朝向。控制装置根据传感器获取的数据，通过对太阳能电池板的驱动系统进行控制，实现调整和追踪太阳位置的功能。

太阳能传感器的工作原理是收集和处理来自光敏元件和角度传感器的数据。光敏元件会根据环境中光照强度的变化产生相应的电信号，这些信号经过放大和滤波后送至控制装置。角度传感器则测量太阳能电池板的倾斜角度和朝向，并将数据传输给控制装置。控制装置根据这些数据进行计算和判断，然后通过驱动系统使太阳能电池板调整到最佳位置，以确保最大的光吸收效果。

太阳能传感器不仅可以用于家庭和商业屋顶上的太阳能发电系统，也可以应用于大型太阳能电站和移动太阳能设备等。在家庭和商业领域，太阳能传感器的使用可以提高太阳能发电系统的效率，减少其他能源消耗和碳排放。而在大型太阳能电站中，太阳能传感器的精确控制可以实现更高的发电量和利润。

（三）水能传感器

水能传感器是一种用于监测水流速度和压力的关键设备。它在水力发电站等场合中发挥着重要作用，可以控制水轮机的运行，实现对水能资源的有效利用。

水能传感器主要通过测量水流的速度和压力来获取相关信息。常见的水能传感器包括流速传感器和压力传感器。流速传感器通常采用超声波、电磁感应或热敏电阻等技术原理，通过测量流体通过传感器时的时间差、感应电磁场变化或温度变化来计算出流速。压力传感器则利用压阻、电容或压电效应等原理，将水流对传感器施加的压力转化为电信号，从而得到水流的压力信息。

在水力发电站中，水能传感器的应用尤为重要。水能是一种可再生的清洁能源，通过水流驱动涡轮机转动发电机，可以实现大规模的电能产生。然而，为了最大程度地利用水能资源，需要精确监测水流的速度和压力，并根据实际需求进行调节。

通过安装水能传感器，可以实时监测水流的速度和压力，将这些数据传输给控制系统进行分析和处理。控制系统根据传感器获取的数据，可以精确调节水轮机的转速和负荷，以确保其在最佳工作状态下运行。通过合理的控制和调节，可以提高水力发电站的发电效率，并最大限度地利用水能资源。

水能传感器还可以应用于其他水流监测和控制领域。例如，在水务管理中，可以使用水能传感器来监测水管网络中的水流速度和压力，及时发现和修复漏水问题，减少水资源的浪费。在水利灌溉中，水能传感器可以帮助实现精确的灌溉控制，提高水资源的利用效率。

第四章　控制系统与逻辑控制

第一节　控制系统的基本结构和组成部分

控制系统是指通过采集、传输和处理反馈信息，以达到对被控对象进行监测、调节和控制目的的系统。

一、控制系统的基本结构

控制系统的基本结构通常可分为开环控制系统和闭环控制系统两种类型。

（一）开环控制系统

开环控制系统是一种基本的控制系统结构，它由输入、处理和输出三个主要组成部分组成。在开环控制系统中，输出信号不会直接影响输入信号，而是通过预先设定的控制策略进行控制。

开环控制系统的输入是指控制系统需要感知和测量的外部信号或变量。这些输入可以是物理量、电信号、传感器测量结果等，用于反映被控对象或过程的状态。例如，在温度控制系统中，输入可以是温度传感器测量到的温度值。

开环控制系统的处理部分是指对输入信号进行处理和转换的过程。这个部分包括了控制算法、逻辑电路、微处理器等，用于根据输入信号和预先设定的控制策略计算出相应的控制信号。例如，在温度控制系统中，处理部分可能包括一个比较器，用于将实际温度值与设定的目标温度值进行比较，并生成相应的控制信号。

开环控制系统的输出是指根据处理部分计算得到的控制信号，它会直接传递给执行机构或被控对象。执行机构可以是电动机、阀门、继电器等，用于根据控制信号执行相应的操作。例如，在温度控制系统中，输出可以是一个控制电压，用于控制加热元件的功率，从而调节温度。

开环控制系统的特点是输入与输出之间没有直接的反馈路径。这意味着系统对外部干扰和不确定性具有较弱的鲁棒性，但同时也容易受到误差累积和模型不准确性的影响。因此，在实际应用中，开环控制系统常常需要结合其他控制策略或闭环反馈来提高系统的稳定性和精度。

（二）闭环控制系统

闭环控制系统是一种基本的控制系统结构，也称为反馈控制系统。与开环控制系统不同，闭环控制系统通过将输出信号反馈给输入端，实现对系统行为的调节和修正。

闭环控制系统由以下几个主要组成部分构成。

1.输入

输入是指需要感知和测量的外部信号或变量，它反映了被控对象或过程的状态。输入可以是物理量、电信号、传感器测量结果等。例如，在温度控制系统中，输入可以是温度传感器测量到的温度值。

2.比较器

比较器用于将期望输出与实际输出进行比较，并计算出误差信号。误差信号表示了实际输出与期望输出之间的偏差。比较器通常采用差分放大器等电子元件实现。

3.控制器

控制器根据比较器产生的误差信号和预先设定的控制策略，生成相应的控制信号。控制器可以是 PID 控制器、模糊控制器、神经控制器等。它们利用数学模型、算法或神经网络等方法来计算出适当的控制信号。

4.执行机构

执行机构接收控制器输出的控制信号，并将其转化为物理行为，对被控对象进行控制。执行机构可以是电动机、阀门、继电器等。例如，在温度控制系统中，执行机构可以是一个调节阀门，用于控制冷却或加热介质的流量。

5.反馈路径

反馈路径将执行机构输出的控制信号通过传感器测量反馈给比较器，形成闭环。这样，比较器可以根据实际输出和期望输出的差异来调整控制器的输出，实现对系统行为的修正。

闭环控制系统的特点是能够实时感知和修正系统的误差，使得输出更接近期望值。它具有较强的鲁棒性和稳定性，可以抑制外部干扰和内部变化对系统性能的影响。但闭环控制系统也可能存在振荡、超调和稳态误差等问题，需要合理设计和调整控制器参数以优化系统性能。

二、控制系统的组成部分

除了基本结构外，控制系统还包括一些重要的组成部分，如下所示。

（一）控制策略

控制策略是指控制系统在不同情况下采取的控制方式和方法。它是为了实现对被控对象的稳定性、精确性和可靠性等要求而制订的一系列计划和措施。

常见的控制策略包括以下几种。

1.开环控制

开环控制又称为无反馈控制，它通过预先设定的输入信号直接作用于被控对象，忽略了系统内部状态的变化。这种控制策略简单、直接，但无法对外界干扰和内部变化进行修正，容易导致系统响应不稳定或误差累积。

2.闭环控制

闭环控制通过传感器获取被控对象的输出信息，并与设定值进行比较，根据误差信号来调整控制器的输出，从而使系统达到稳定状态。闭环控制可以有效地抑制外界干扰和内部变化，提高系统的鲁棒性和稳定性。

3.模糊控制

模糊控制是一种基于模糊逻辑的控制策略，它能够处理具有不确定性和模糊性的系统。通过将输入和输出映射到模糊集合上，利用模糊规则进行推理和决策，实现对被控对象的控制。模糊控制具有较强的自适应性和鲁棒性，适用于复杂、非线性的控制问题。

4.遗传算法优化控制

遗传算法优化控制是一种基于生物进化原理的智能优化方法。它通过模拟自然界的选择、交叉和变异过程，在控制系统中搜索最优解。遗传算法优化控制适用于多目标、非线性的控制问题，并且具有全局搜索和较强的鲁棒性。

（二）控制器

控制器负责接收输入信号和反馈信号，并根据控制算法和控制策略生成相应的控制输出信号，以实现对被控对象的精确控制。

1.单片机控制器

单片机控制器是一种基于微处理器技术的集成电路芯片，具有高度集成化和低功耗的特点。它可以通过编程实现各种控制算法和逻辑运算，并通过数字输入输出口与外部设备进行通信。单片机控制器广泛应用于家电、汽车、工业自动化等领域。

2.PLC 控制器

PLC（可编程逻辑控制器）是一种专门用于工业自动化控制的硬件设备。它具有高速响应、可编程性强、稳定可靠的特点，能够实现复杂的逻辑控制、模拟控制和通信功能。PLC 广泛应用于工厂生产线、机械设备等领域。

3.工控机控制器

工控机控制器是一种采用工业级计算机硬件平台的控制设备。它具有强大的计算和数据处理能力，可运行复杂的控制算法和软件程序，并支持多种通信接口和外围设备的连接。工控机控制器广泛应用于自动化生产线、智能仓储系统等领域。

这些控制器各有特点，在不同的应用场景中选择合适的控制器可以提高控制系统的性能和可靠性。随着技术的发展，现代控制器越来越注重网络通信、数据采集和互联互通的能力，以满足智能化、互联化的控制需求。

（三）数据通信与存储

数据通信与存储模块是控制系统中重要的组成部分，用于实现控制系统与其他系统之间的数据交换和共享。它扮演着连接控制系统与外部设备、实现远程监控、数据采集和存储等功能的关键角色。

数据通信与存储模块的主要功能包括以下几个方面：

1.数据采集与传输

数据通信与存储模块可以通过各种接口和通信协议，实现对各类传感器、执行器和外部设备的数据采集和传输。例如，通过串口、以太网、无线通信等方式获取外部设备的状态信息、测量数据等，并将其传输到控制系统中进行处理和分析。

2.远程监控与控制

数据通信与存储模块可以通过网络通信技术，实现对控制系统的远程监控和控制。通过远程访问控制系统，可以实时查看系统状态、运行参数，并进行远程操作和调整。这种方式可以大大提高工作效率，便于及时发现问题并进行相应的处理。

3.数据存储与处理

数据通信与存储模块可以将采集到的数据进行存储和处理。它可以将数据保存在本地存储设备中，如硬盘、闪存等，并根据需要进行数据压缩和加密。同时，它也可以将数据上传到云平台或服务器，实现数据的远程备份和共享，以便后续分析和应用。

4.数据安全与保护

数据通信与存储模块需要具备数据安全和保护的能力。它可以通过加密技术、访问控制和权限管理等手段，确保数据在传输和存储过程中的安全性和完整性。它还可以进行数据备份和恢复，以防止数据丢失和系统故障。

以上是控制系统的基本结构和组成部分的简要介绍。控制系统的设计和实现需要根据具体的应用需求和系统特点进行选择和配置，以实现对被控对象的精确监测、调节和控制。

第二节　逻辑控制的基本原理和方法

逻辑控制是指根据特定的逻辑规则和方法对系统进行控制的过程。

一、逻辑控制的基本原理

逻辑控制的基本原理是建立在逻辑推理和判断的基础上的。它利用逻辑规则和条件来判断输入信号，并根据判断结果执行相应的操作。以下是逻辑控制的几个基本原理：

（一）逻辑门

逻辑门是实现逻辑运算的基本电路元件，它在数字电子电路中起着重要作用。常见的逻辑门包括与门（AND）、或门（OR）、非门（NOT）等。通过组合不同的逻辑门，可以实现复杂的逻辑运算，如与非门（NAND）、异或门（XOR）等。

1.与门（AND）

与门是最简单的逻辑门之一，它的输出信号只有在所有输入信号都为高电平时才会产生高电平输出，否则输出为低电平。与门的逻辑符号通常表示为“&&”，其真值表如下：

表 4-1　与门真值表

A	B	Y
0	0	0
0	1	0
1	0	0
1	1	1

其中，两个输入端分别标记为 A 和 B，输出端标记为 Y。

2.或门（OR）

或门也是一种常见的逻辑门，它的输出信号只有在至少一个输入信号为高电平时才会产生高电平输出，否则输出为低电平。或门的逻辑符号通常表示为“||”，其真值表如下：

表 4-2　或门真值表

A	B	Y
0	0	0
0	1	1
1	0	1
1	1	1

其中，两个输入端分别标记为 A 和 B，输出端标记为 Y。

3.非门（NOT）

非门是最简单的逻辑门之一，它只有一个输入信号，输出信号与输入信号相反。非门的逻辑符号通常表示为"!"或者"¬"，其真值表如下：

表 4-3　非门真值表

A	Y
0	1
1	0

其中，输入端标记为 A，输出端标记为 Y。

通过组合不同类型的逻辑门，可以实现更复杂的逻辑运算和电路功能。例如，通过使用与门和非门的组合，可以实现与非门（NAND）的功能，即当所有输入信号都为高电平时，输出低电平，否则输出高电平。异或门（XOR）是另一个常用的逻辑门，它的输出信号只有在输入信号不同时才会产生高电平输出。

（二）状态机

状态机是一种描述系统行为的数学模型，它由一组状态、一组输入信号和一组状态转换规则组成。在状态机中，系统的行为可以被表示为在不同状态之间的转移。根据当前状态和输入信号，状态机会根据预定义的状态转换规则进行状态转移，并执行相应的操作。

1.状态（State）

状态是指系统在某一时刻所处的特定情况或条件。它反映了系统的各种属性、参数或变量的取值，以及它们之间的关系和相互作用。一个系统可以有多个状态，每个状态都对应着系统可能处于的一种情况。

一方面，状态可以是离散的，例如开关的开和关。当开关处于开启状态时，电路闭合，电流可以流动；而当开关处于关闭状态时，电路断开，电流无法通过。这样的离散状态使得系统的行为发生明显的改变，如灯泡的亮灭与电源的接通断开相关。

另一方面，状态也可以是连续的，例如机器的运行和停止。当机器运行时，各个部件协同工作，完成任务；而当机器停止时，各个部件不再运动，无法执行任务。这样的连续状态下，系统的行为可能会根据具体情况发生微妙的变化，例如机器运行速度的调整或停机维护等。

在状态机中，系统的行为会随着状态的改变而发生变化。状态机是一种描述系统行为的模型，它由一组状态和状态之间的转换组成。当系统从一个状态转移到另一个状态时，其行为可能会发生相应的变化。通过状态机的建模和分析，我们可以更好地理解系统的行为，并预测其可能的变化。

2.输入信号（Input）

输入信号是指影响系统状态转移的外部或内部事件。它可以是来自传感器的测量结果、用户的输入、时钟信号等各种形式的信息。输入信号在状态机中起着重要的作用，它们会触发系统状态的改变，并引起系统行为的相应变化。

在状态机中，每个状态都有一组预先设定的状态转换规则，这些规则描述了当系统处于某个特定状态时，状态机如何根据输入信号进行状态转移。通过监测和处理输入信号，状态机能够根据当前状态以及输入信号的特征，确定下一个状态的变化路径。这样，系统就能根据不同的输入信号做出适当的响应和决策。

例如，来看一个自动售货机的状态机。当用户投入硬币作为输入信号时，状态机会根据当前状态判断是否足够支付商品的价格：如果足够，则进入出货状态并完成交易；如果不足，则进入等待状态等待更多的输入信号。如果用户按下选择按钮作为输入信号，则状态机会根据当前状态和所选商品的可用性，决定是否进行出货操作。

输入信号不仅可以来自外部环境，还可以来自系统内部。例如，在计算机中，时钟信号是一种常见的内部输入信号，它用于同步各个组件的操作。时钟信号的变化可以触发状态机中的状态转移，使得系统在不同的时钟周期内执行不同的操作。

3.状态转换规则（Transition Rule）

状态转换规则是系统在不同状态下对于不同输入信号的响应定义。它确定了系统从一个状态转移到另一个状态所需满足的条件和执行的动作。

一种表示状态转换规则的方法是使用条件语句。使用条件语句时，每个规则由一个布尔表达式和相应的操作组成。当满足布尔表达式的条件时，系统将执行该规则定义的操作，并根据规则指定的目标状态进行状态转移。例如，在自动售货机的状态机中，一个状态转换规则可以是：如果投入硬币金额大于等于商品价格，则执行出货操作并进入出货状态。

另一种表示状态转换规则的方法是使用表格。表格列出了系统可能的当前状态和所有可能的输入信号，以及相应的目标状态和执行的操作。通过查找表格中匹配当前状态和输入信号的行，系统可以确定下一个状态和要执行的操作。这种表格形式的状态转换规则更容易理解和管理，特别是在复杂系统中。

状态转换规则的定义基于系统的设计和需求。通过合理设置转换条件和动作，可以确保系统行为符合预期。状态转换规则还可以用于错误处理和异常情况的处理，使系统能够做出适当的响应并保持稳定运行。

4.动作（Action）

动作是指在状态转换过程中执行的操作或行为。它可以是生成输出信号、处理数据、控制系统等各种形式的任务。

在状态机中，每个状态转换规则通常会定义与该转换相关的动作。当系统从一个状态转移到另一个状态时，相应的动作将被触发和执行。这些动作可以用于改变系统的内部状态、更新系统的输出、调整系统的参数等。

例如，在一个温度控制系统中，当温度传感器检测到当前温度高于设定温度时，状态机可以根据状态转换规则执行降温的动作。这个动作可能包括打开冷气装置、调节风扇速度、发送控制信号等，以使系统达到设定的温度范围。

动作也可以涉及输出信号的生成。在一个自动售货机的状态机中，当用户投入足够金额购买商品时，状态转换规则可以定义生成出货信号的动作。这个动作会触发售货机内部的出货机构，完成商品的交付。

动作还可以涉及对数据的处理和计算。例如，在一个计算器的状态机中，当用户输入数字和运算符时，状态转换规则可以定义进行相应计算的动作。这个动作会读取用户输入的数据，并根据运算符进行相应的计算，最后生成结果输出给用户。

状态机的优点在于它能够清晰地描述系统的行为和状态之间的关系，使得系统的设计和开发更加可控和可靠。状态机广泛应用于各个领域，如计算机科学、自动化控制、通信协议等。在计算机科学中，状态机被用来描述程序的执行流程、编译器的语法分析、网络协议的解析等。在自动化控制中，状态机被用来描述机器人的行为、工业生产线的控制等。

（三）条件语句

条件语句是一种根据条件判断结果执行相应操作的结构。它在编程中可以实现不同的逻辑控制流程，根据不同的条件做出不同的决策。

常见的条件语句有 if 语句和 switch 语句。

1.if 语句

if 语句通过判断一个条件表达式的真假来确定执行哪个分支。它的基本形式为：

```
if (condition) {
  // 如果条件为真，执行这里的代码
} else {
  // 如果条件为假，执行这里的代码
}
```

如果条件为真，就会执行 if 语句后面花括号内的代码块；如果条件为假，就会执行 else 语句后面花括号内的代码块。

if 语句还可以包含多个条件分支，使用 else，if 关键字进行连续判断。这样可以根据多个条件的不同结果执行对应的操作。

2.switch 语句

switch 语句根据一个变量的值来选择执行哪个分支。它的基本形式为：

```
switch (variable) {
    case value1:
        // 当 variable 等于 value1 时，执行这里的代码
        break;
    case value2:
        // 当 variable 等于 value2 时，执行这里的代码
        break;
    ...
    default:
        // 当 variable 与前面的值都不匹配时，执行这里的代码
        break;
}
```

根据 variable 的值，switch 语句会跳转到与之匹配的 case 分支，并执行相应的代码块。如果没有匹配的 case 分支，可以使用 default 关键字定义默认的操作。

条件语句在编程中广泛应用于控制程序的执行流程。它们能够根据不同的条件判断结果，选择性地执行不同的操作，从而实现灵活的逻辑控制。

除了基本的 if 和 switch 语句外，还可以结合逻辑运算符（如&&、||）和比较运算符（如==、!=）构建更复杂的条件表达式，以满足更多的需求。

二、逻辑控制的方法

逻辑控制的方法包括硬件逻辑控制和软件逻辑控制两种。

（一）硬件逻辑控制

硬件逻辑控制是一种通过电子元件实现的逻辑控制方法，用于处理输入信号并控制输出信号。它在电子工程领域中被广泛应用，通过构建逻辑电路来实现对电子系统的控制。

在硬件逻辑控制中，使用逻辑门和触发器等基本元件来构建逻辑电路。逻辑门是用来执行逻辑运算的电路元件，包括与门、或门、非门等。触发器是一种存储器件，可以存储和传输数据，并根据时钟信号进行状态转换。

通过将逻辑门和触发器组合连接，可以构建复杂的逻辑电路，实现对输入信号的处理和输出信号的控制。这些逻辑电路可以根据预先设定的逻辑关系和规则，对输入信号进行逻辑运算、比较和判断，然后产生相应的输出信号。

硬件逻辑控制具有快速响应和高可靠性的优点。由于逻辑电路中的元件以电信号的形式传输和处理数据，因此其响应时间非常短，适用于对实时性要求较高的场景。硬件逻辑控制不受软件层面的干扰，具有较高的可靠性和稳定性。

硬件逻辑控制在计算机系统中，被用于控制指令执行、数据传输等关键操作；在通信系统中，被用于处理信号的编码和解码，实现数据的传输和接收；在工业自动化领域，被用于控制机器人、生产线等设备的运行和调度。

（二）软件逻辑控制

软件逻辑控制是一种通过编程语言实现的逻辑控制方法，用于处理输入信号并控制输出信号。在计算机科学和自动化控制领域中，使用各种编程语言如C、Python 等来编写程序，实现对电子系统或软件系统的逻辑控制。

在软件逻辑控制中，通过编写程序来定义不同的逻辑关系和规则，根据输入信号的特征和条件进行判断和决策，最终产生相应的输出信号。通过编程语言提供的各种数据结构、变量、运算符和控制结构，可以灵活地实现复杂的逻辑控制过程。

软件逻辑控制具有灵活性强、易于修改等优点。通过修改程序代码，可以快速调整和改变逻辑控制的行为，以适应不同的需求和场景。软件逻辑控制可以处理更加复杂的逻辑关系和条件判断，实现更加高级和智能化的控制功能。

软件逻辑控制在计算机科学中，它被用于控制程序的执行流程、数据的处理和算法的实现；在自动化控制领域，它被用于控制工业设备、机器人和智能系统的行为；在嵌入式系统中，它被用于控制各种电子设备和嵌入式系统的功能和交互。

与硬件逻辑控制相比，软件逻辑控制具有灵活性和易修改性的优势，但响应时间可能相对较慢。由于软件逻辑控制是通过程序执行实现的，需要经过编译或解释等过程，因此其响应时间受到计算机处理速度和运行环境的影响。

第三节　控制系统与逻辑控制在智能电气设备中的应用

随着科技的不断发展，智能电气设备在我们的生活中扮演着越来越重要的角色。这些设备不仅能够提高我们的生活品质和工作效率，还能为我们带来更多便利和安全。

一、控制系统在智能电气设备中的应用

控制系统是智能电气设备中最基本的组成部分之一，它通过对设备的监测、计算和控制，使得设备能够按照预定的方式运行。下面将介绍几个常见的控制系统及其在智能电气设备中的应用。

（一）反馈控制系统

反馈控制系统是一种利用设备运行状态的反馈信息对其进行控制和调整的控制系统。在智能电气设备中，反馈控制系统广泛应用于工业自动化领域，具有重要的作用和优势。

在生产线上的应用是一个典型的例子。通过传感器检测产品质量和运行状态，并将这些信息反馈给控制系统，可以实时地进行参数调整和偏差修正，以保证生产的稳定性和质量。具体来说，反馈控制系统可以通过比较实际输出与期望输出之间的差异，计算出误差信号，并根据误差信号进行控制操作，使得设备输出逐渐接近期望值。

反馈控制系统的关键组成部分包括传感器、控制器和执行机构。传感器用于采集设备的实际状态或环境信息，并将其转换为电信号或数字信号。控制器则负责对传感器采集到的信息进行处理和分析，计算出控制信号。最后，执行

机构根据控制信号进行相应的操作，调整设备的输出。

（二）运动控制系统

运动控制系统是一种用于对机械设备的运动进行控制和调节的系统。在智能电气设备中，运动控制系统广泛应用于机器人、CNC 机床等领域，能够实现高速、高精度的运动控制，从而提高生产效率和产品质量。

运动控制系统的关键任务是实现对机械设备的位置、速度和加速度等运动参数的控制。它通过使用传感器来获取当前设备的位置和速度信息，并将这些信息反馈给控制器。控制器根据预先设定的运动规划算法，计算出合适的控制指令，再通过执行机构对设备进行精确的运动控制。

（三）联网控制系统

随着物联网技术的不断发展，越来越多的智能电气设备具备了联网功能，使得远程监控和控制成为现实。联网控制系统利用云平台和网络通信技术，实现对各种设备的远程控制和管理。一个典型的例子是智能家居系统，通过手机 APP 用户可以实时监测家庭设备的状态，并进行远程控制，让用户能够方便地在任何时间、任何地点对家居设备进行调节。

联网控制系统的核心是云平台，它提供了数据存储、处理和分析的功能。各种智能电气设备通过网络与云平台连接，将设备状态和数据传输到云端。云平台可以根据用户的需求和权限，进行数据的分析和处理，生成相应的控制指令并发送给设备，实现对设备的远程控制。同时，云平台还可以将设备的状态信息反馈给用户，使用户能够及时了解设备的运行情况。

除了云平台，联网控制系统还需要网络通信技术的支持。设备与云平台之间的通信可以通过有线或无线网络实现。有线网络通常使用以太网或局域网连接，可以提供更稳定和高速的数据传输。无线网络通信则包括 Wi-Fi、蓝牙、ZigBee 等技术，具备了更灵活和便捷的特点。

联网控制系统的应用范围除了智能家居，还可以应用于工业自动化、智能交通、智能医疗等领域。在工业自动化中，联网控制系统可以实现对生产设备和工艺流程的远程监控和控制，提高生产效率和质量。在智能交通中，联网控制系统可以实现对交通信号灯和车辆的智能调度，减少交通拥堵和事故发生。

在智能医疗中，联网控制系统可以实现对医疗设备和患者数据的远程监测和管理，提高医疗服务的效率和质量。

二、逻辑控制在智能电气设备中的应用

逻辑控制是指根据设定的逻辑规则，通过逻辑运算来控制设备的工作状态和行为。下面将介绍几个常见的逻辑控制方法及其在智能电气设备中的应用。

（一）时序控制

时序控制是一种基于时间顺序的逻辑控制方法，被广泛应用于智能电气设备中的定时任务和自动化流程控制。它通过在设备内部或外部设置时钟和计时器来实现按照预定时间顺序进行操作的功能。

在智能照明系统中，时序控制可以提供便利的定时开关功能，同时还能够节约能源。用户可以通过设置定时器，在指定的时间点自动开启或关闭灯光。例如，可以在晚上特定时间自动打开客厅灯光，为回家的人提供舒适的环境；也可以在睡前设定定时器，让灯光逐渐变暗，帮助入眠。这样的定时控制不仅提高了使用者的生活品质，还避免了因疏忽而造成的能源浪费。

时序控制在其他智能电气设备中也有广泛的应用。在智能家居中，通过时序控制可以实现自动化的场景切换，如早晨起床后自动打开窗帘、调节室内温度和播放喜欢的音乐；晚上就寝时自动关闭所有电器设备，确保安全和省电。在工业自动化领域，时序控制可以用于协调不同设备的工作步骤，实现自动化的生产线。例如，在装配线上，通过设定合适的时间间隔和顺序，各个机器人或设备可以按照预定的步骤进行操作，提高生产效率和质量。

时序控制的实现方式多种多样。在简单的情况下，可以使用内部时钟和计时器来实现基本的定时功能。这些时钟和计时器可以是硬件组件或软件程序，在设备中精确地追踪时间，并触发相应的控制操作。在更复杂的情况下，可能需要借助外部的时间源，如网络时间协议（NTP）服务器或 GPS 信号，以确保设备的时间同步和准确性。

但时序控制在智能电气设备中也存在一些限制。例如，对于需要高精度时间控制的应用，需要考虑时钟的稳定性和误差校正等问题；不同设备之间的时

间同步也是一个挑战，特别是在分布式系统中。为了解决这些问题，需要综合考虑硬件设计、软件算法和通信协议等多个方面的因素。

（二）条件控制

条件控制是一种基于逻辑条件判断的控制方法，在智能电气设备中常用于自动决策和响应。通过判断不同的条件，智能电气设备能够根据预设的规则和逻辑，自动进行相应的操作，从而实现智能化的功能。

一个典型的例子是智能门锁系统。这个系统可以通过判断用户的身份和权限来自动控制门锁的开启和关闭，提供安全可靠的门禁控制。当用户想要进入房间时，智能门锁系统会首先验证用户的身份信息，比如指纹、密码或者刷卡等。如果验证通过，系统会继续判断用户的权限。如果用户具有开门权限，系统就会自动解锁门锁，允许用户进入房间。反之，如果用户的权限不足，系统将保持门锁关闭状态，并可能发出警报或记录相关信息。

条件控制还可以在其他智能电气设备中得到广泛应用。例如，智能监控系统可以利用条件控制来实现智能安防功能。通过设置不同的条件，比如人体活动、异常声音等，智能监控系统可以自动识别潜在的危险，并及时报警或采取其他相应措施。

条件控制的实现通常借助于编程语言或者专门的控制软件。通过编写逻辑判断语句，设定不同的条件和相应的操作，可以灵活地实现各种自动化功能。条件控制还可以结合传感器技术和人工智能算法，实现更加智能化的决策和响应。例如，通过与温度传感器配合，智能家居系统可以根据室内温度变化自动调节空调的工作模式，提高能源利用效率。

（三）故障诊断与处理

逻辑控制在智能电气设备中还可以应用于故障诊断与处理。通过传感器和监测系统实时获取设备状态信息，并结合设定的逻辑规则，智能电气设备能够对故障进行判断并采取相应的处理措施，从而提高设备的可靠性和稳定性。

一种常见的处理方式是停机操作。当逻辑控制系统判断设备存在故障时，它可以自动发送停机指令，使设备停止运行，以避免进一步损坏或安全风险。同时，系统还可以通过通知维修人员或相关人员，提供详细的故障信息和位置定位，以便及时进行维修和处理。

逻辑控制系统还可以采取其他处理措施，比如切换备用设备、调整生产参数等。当系统检测到设备故障时，它可以自动切换至备用设备，以保证生产的连续性和稳定性。系统还可以根据预设的逻辑规则，自动调整生产参数，以降低故障设备的负荷或提高工艺效率。

为了实现故障诊断与处理功能，逻辑控制系统通常需要具备一定的智能化和学习能力。通过分析历史数据和故障模式，系统可以不断优化逻辑规则和故障判断算法，提高故障诊断的准确性和及时性。同时，结合人工智能技术，系统还可以进行故障预测和预防，提前采取相应的措施，避免设备故障对生产造成影响。

第五章　智能电气设备的控制技术

第一节　智能电气设备的控制方法

一、传统的开关控制方法

（一）手动开关控制

手动开关控制是智能电气设备最基础的控制方法之一。它通过人工操作电气设备上的开关，实现对设备的启停、调节等功能。这种控制方法简单直接，易于理解和操作，适用于小规模或个别设备的控制需求。

在手动开关控制中，用户可以根据需要手动打开或关闭电气设备的开关，以控制设备的运行状态。例如，在智能家居系统中，用户可以通过手动操作开关来控制灯光、空调、窗帘等设备的开关状态，实现对室内环境的调节和控制。

但手动操作需要人工参与，效率相对较低，特别是在大规模的电气设备控制场景下，需要投入大量的人力资源。并且手动开关控制无法自动适应不同的工况和需求，无法实现自动化的智能控制。

随着科技的发展，人们逐渐将手动开关控制转向更智能化的控制方式。计算机控制和人工智能控制等新兴技术正在逐步取代传统的手动开关控制，提高电气设备的自动化水平和智能化程度。

（二）定时开关控制

定时开关控制是一种常见且实用的智能电气设备控制方法。它通过设置定时器或时钟来自动控制设备的启停时间，实现设备的定时开关功能。

在定时开关控制中，用户可以根据需求预设设备的开关时间，通过定时器或时钟触发控制信号，使设备在指定的时间点自动启动或关闭。例如，在智能家居系统中，用户可以设置灯光在晚上六点自动打开，在早上八点自动关闭，实现智能化的照明控制。

定时开关控制能够提高生活和工作效率，节省人工操作的时间和精力。用户只需预先设置好时间表，设备将按照设定的时间自动进行开关操作，无需再手动干预。定时开关控制还能提供便利和舒适的使用体验。例如，在智能家居系统中，通过定时开关控制可以实现定时调节室内温度，提前将空调打开或关闭，使得用户回到家时室内温度已经达到理想状态。

但定时开关控制适用于周期性、规律性的操作需求，对于临时性、不确定性的控制需求可能不太适用。

随着智能电气设备技术的发展，定时开关控制方法也在不断改进和演进。例如，结合物联网技术，可以通过手机 APP 或云平台实现远程定时控制，让用户能够随时随地进行设备的定时开关设置。还可以与其他智能化功能相结合，如温湿度传感器、人体感应器等，实现更智能、更个性化的定时控制。

二、计算机控制方法

随着计算机技术的发展，智能电气设备的控制逐渐从传统的开关控制转向计算机控制。计算机控制方法可以实现更复杂的功能和自动化操作。

（一）PLC 控制

PLC（可编程逻辑控制器）是一种专门用于工业自动化控制的设备，它通过编程来控制电气设备的运行状态。PLC 具有高可靠性、灵活性和可扩展性等优点。

PLC 控制的基本原理是通过输入输出模块与外部传感器和执行器进行连接，通过编程来实现对电气设备的监控和控制。PLC 的程序可以根据预先设定的逻辑规则和条件，自动判断和执行相应的控制操作。

PLC 控制具有高度可靠性。PLC 设备采用工业级的硬件设计，具有抗干扰、防尘防水和耐高温等特性，能够在恶劣的工业环境下稳定运行；PLC 控制有较高的灵活性和可编程性。用户可以通过编写逻辑程序，根据实际需求来配置 PLC 的控制逻辑，实现各种复杂的控制功能；PLC 系统还具有良好的可扩展性，可以根据需要添加输入输出模块和通信模块，满足不同规模和复杂度的控制需求。

尽管PLC控制有许多优势，但也存在一些问题。PLC编程需要一定的专业知识和技能，对操作人员的要求较高；PLC系统的建设和维护成本相对较高，包括硬件设备的投入、编程开发和系统运行维护等方面；PLC控制的响应速度和实时性可能受到一定的限制，特别是在大规模复杂系统中。

（二）DCS控制

DCS（分布式控制系统）是通过将多个控制器连接起来，实现对整个工业过程的集中控制和监控。DCS系统通过分布式架构，能够实现对各个子系统的协调控制，提高生产效率和质量。

DCS控制系统由多个分布式控制器、输入输出模块、通信网络和人机界面组成。每个分布式控制器负责管理和控制特定的子系统或设备，在其范围内进行实时的数据采集、处理和控制操作。通过通信网络，这些分布式控制器可以相互连接，实现数据交换和协同工作。人机界面则提供了操作员与DCS系统进行交互和监控的界面。

DCS控制系统能够实现对整个工业过程的集中控制和监控。不同于传统的单一控制器系统，DCS系统将控制能力分散到多个分布式控制器上，使得控制更加灵活和可靠。DCS系统具有较高的可靠性和容错性。由于控制任务被分布到多个控制器上，即使某个控制器发生故障，其他控制器仍可继续工作，确保系统的持续运行。DCS系统还具有良好的扩展性和可升级性，能够适应不断变化的工业需求。

三、人工智能控制方法

随着人工智能技术的快速发展，越来越多的智能电气设备开始采用人工智能控制方法，实现更高级的智能化操作和决策。

（一）基于模型的控制

基于模型的控制是一种利用数学模型和控制算法来对电气设备进行预测和控制的方法。通过建立准确的数学模型，可以对设备的运行状态进行仿真和预测，并根据不同的工况和需求自动调节设备参数，以提高设备的性能和效率。

在基于模型的控制中，需要对电气设备进行建模。这个过程涉及对设备的结构、物理特性和运行规律等进行深入的研究和分析。通过收集和处理设备相关的数据，可以建立准确的数学模型，描述设备的动态行为和相互关系。

建立好数学模型后，可以利用控制算法来对设备进行控制。控制算法根据设备的运行状态和目标要求，计算出合适的控制信号，用于调节设备的工作参数。例如，在调节电机转速的控制中，可以使用 PID（比例-积分-微分）控制算法，根据实时测量的转速和目标转速之间的误差，计算出合适的控制输出，使得电机的转速稳定在期望值附近。

基于模型的控制可以通过对设备的建模和仿真，提前预测设备的运行状态，并进行相应的控制策略调整。这有助于优化设备的性能和效率，避免设备的过载、故障等问题。基于模型的控制还可以根据不同的工况和需求自动调节设备参数，适应不同的操作条件。这使得电气设备具有更大的灵活性和适应性。

（二）强化学习控制

强化学习控制是一种通过试错和奖惩机制来优化控制策略的方法，适用于智能电气设备的控制。它基于机器学习和人工智能技术，通过与环境交互，让设备自主学习并逐步优化自身的控制策略，以实现更高级的智能化操作。

在强化学习控制中，智能电气设备被视为一个智能体（Agent），它通过与环境进行交互，观察环境的状态，并采取相应的动作来实现控制目标。智能体根据执行的动作和环境的反馈，获得奖励或惩罚信号，以评估当前的控制策略的好坏。通过不断地试错和学习，智能体可以调整其行为，逐渐学习到最佳的控制策略，以最大化累积奖励。

强化学习控制它能够在没有明确的规则或模型的情况下进行学习和优化。这使得智能电气设备可以适应复杂和动态的控制环境，并具备较强的适应性。强化学习控制可以通过与环境的交互进行在线学习，而不需要离线数据集或先验知识。这使得设备能够根据实时的反馈和经验进行调整和改进。强化学习控制还具有较好的探索性，即智能体可以主动探索未知的行为空间，以发现更优的控制策略。

需要注意的是，强化学习算法通常需要大量的训练样本和计算资源，特别是在复杂环境下，学习过程可能会很耗时。强化学习控制的结果受到奖励函数的设计和环境模型的准确性等因素的影响。不合理的奖励设计或不准确的环境模型可能导致学习过程陷入局部最优解或产生不稳定的控制策略。

随着人工智能技术的不断进步，强化学习控制方法也在不断演进和改进。例如，结合深度学习技术，可以利用深度神经网络来近似控制策略函数，以处理高维、复杂的控制问题。基于分布式强化学习和群体智能等技术，还可以实现多个智能电气设备之间的协同控制和优化。

第二节　PLC（可编程逻辑控制器）的原理和应用

可编程逻辑控制器（Programmable Logic Controller，简称 PLC）是一种专门用于工业自动化控制的电子设备。它通过接收输入信号、进行逻辑处理，并输出控制信号来实现对各种生产过程的自动控制。PLC 广泛应用于工厂生产线、机械设备、能源系统、交通运输等领域。

一、PLC 的原理

PLC 是一种由微处理器和多个输入输出（I/O）模块组成的可编程控制器。其工作原理基于程序控制，通过读取输入信号、执行用户编写的程序，并控制输出信号，实现对设备和过程的控制。

（一）输入模块

输入模块是可编程逻辑控制器（PLC）中的一个重要组成部分，用于接收外部传感器或开关等设备的信号。这些信号可以是数字信号，也可以是模拟信号。输入模块的主要功能是将这些输入信号转换为数字信号，并将其传递给 PLC 内部进行逻辑处理。

在工业自动化系统中，输入模块扮演着采集外部信息的角色。它可以接收来自各种传感器、开关和其他设备的信号，例如温度传感器、压力传感器、光电开关等。这些信号可以反映设备状态、环境参数以及其他需要监测的信息。

输入模块的工作原理是通过信号采集电路将输入信号转换为数字信号。对于数字信号输入，当开关打开或关闭时，输入模块会将其转换为 0 或 1 的二进制数值。对于模拟信号输入，输入模块会使用模数转换器（ADC）将模拟信号转换为数字信号。这样，PLC 就能够对输入信号进行处理和判断。

输入模块通常具有多个输入通道，每个通道可以连接一个外部设备。这使得 PLC 能够同时监测和控制多个设备或参数。输入模块通常还具有一些特殊功能，例如过滤功能、防抖动功能和故障检测功能。这些功能可以提高输入信号的稳定性和可靠性。

（二）中央处理单元（CPU）

PLC 的中央处理单元（CPU）是 PLC 系统的核心组件，它负责接收输入信号、执行程序逻辑，并根据逻辑结果生成输出信号。CPU 通常由微处理器、存储器和时钟等部分组成。

1.微处理器

PLC 的微处理器是 CPU 的重要组成部分，类似于计算机中的中央处理器。它承担着接收输入信号和执行程序逻辑的任务，以实现对 PLC 系统的控制功能。微处理器具备执行各种算术、逻辑和控制操作的能力，这使得它能够进行复杂的运算和判断，从而实现对工业过程的精确控制。

微处理器的性能和处理速度直接影响到 PLC 的响应时间和执行能力。高性能的微处理器能够更快地处理输入信号和执行程序逻辑，从而提高 PLC 系统的响应速度和执行效率。这对于实时控制和快速反应的工业应用尤为重要。微处理器还具备多任务处理的能力，可以同时执行多个程序任务，实现并行处理，进一步提升 PLC 系统的处理能力。

随着技术的不断进步，微处理器的性能和功能也在不断提升。现代 PLC 的微处理器采用了先进的架构和设计，具备更高的运算速度、更大的缓存容量和更低的功耗。一些微处理器还支持多核处理和硬件加速等特性，进一步增强了 PLC 系统的计算能力和处理效率。

2.存储器

存储器对于 PLC 系统而言也起着关键的作用。它用于存储 PLC 系统的程序代码、数据和临时变量等信息。

存储器主要分为只读存储器（ROM）和随机存储器（RAM）两种类型。

（1）只读存储器（ROM）

ROM 存储器是一种非易失性存储器，其中包含了固化的程序代码。这些程序代码在 PLC 断电后仍然保持不变，确保了 PLC 系统重新上电后能够恢复到原始状态并继续运行。ROM 存储器通常由厂家预先烧录程序代码，用户无法直接修改其内容。这样可以确保 PLC 系统的稳定性和安全性。

（2）随机存储器（RAM）

RAM 存储器是一种易失性存储器，用于存储运行时的数据和临时变量。PLC 系统在运行过程中需要动态地存储和读取数据，RAM 存储器提供了这种灵活性。与 ROM 存储器不同，RAM 存储器的内容可以被修改和读取。PLC 系统可以将输入信号和计算结果等数据暂时存储在 RAM 中，并根据程序逻辑进行操作和处理。

除了 ROM 和 RAM 之外，还存在一些特殊类型的存储器，如闪存（Flash）存储器。闪存存储器具有类似于 ROM 的特点，可以保存程序代码，并且可以被用户更新和修改。这使得 PLC 系统可以进行在线升级和固件更新，提供更高的灵活性和可扩展性。

存储器的容量和速度对于 PLC 系统的运行效果也具有重要影响。较大的存储容量可以容纳更复杂的程序和更多的数据，而较快的存取速度可以提高 PLC 系统的响应时间和执行效率。

3.时钟

时钟在 PLC 系统中起到控制时序和同步的作用。时钟提供了一个准确的时间基准，确保程序按照预定的时间顺序执行，实现精确的控制和协调。

时钟不仅可以追踪时间，还可以记录时间戳等与时间相关的信息。这对于实时控制和事件触发非常重要。通过记录时间戳，PLC 系统可以对特定的事件进行精确的计时和触发。例如，在工业自动化领域，某些操作可能需要在特定的时间窗口内触发，以确保生产流程的顺利进行。时钟的存在使得 PLC 系统能够根据精确的时间要求进行操作和控制。

时钟还可以用于进行时间相关的数据处理和计算。一些 PLC 应用中需要进行周期性的数据采集、统计和报告，时钟提供了计时和同步的功能，使得这些操作可以按照设定的时间间隔进行，保证数据的准确性和一致性。

随着技术的进步，现代PLC系统的时钟通常具备更高的精度和稳定性。高精度时钟可以提供毫秒甚至微秒级别的时间分辨率，满足对时间要求极高的应用场景。一些PLC系统还支持网络时间协议（NTP）等功能，可以通过与时间服务器同步来获取更精确的时间。

CPU作为PLC的核心部件，它接收来自输入模块的信号，并通过执行程序逻辑，根据预先设定的规则生成输出信号。这些输出信号可以驱动各种执行器和执行元件，实现对工业过程的自动化控制。同时，CPU还能够处理各种异常情况，并通过相应的处理策略进行错误检测和纠正，以确保PLC系统的稳定运行。

（三）输出模块

PLC的输出模块是将中央处理单元（CPU）生成的控制信号转换为外部执行器（如电动机、阀门等）可以接受的形式的关键组件。输出模块的主要功能是控制电压输出、电流输出或开关输出，以实现对外部设备的精确控制。

1.电压输出

电压输出是一种常见的PLC输出模式，通过特定的输出模块将CPU生成的控制信号转换为特定电压输出，用于驱动外部设备，如电动机等。这种输出模式主要适用于需要根据设备运行速度或力度进行电压调节的应用场景。

通过电压输出模块，PLC可以提供不同电压级别的输出信号，以满足不同设备的需求。例如，在工业自动化中，电动机通常需要根据工作负载和速度要求进行电压调节。PLC通过电压输出模块可以根据预设的控制逻辑和算法，精确地控制输出电压的大小，从而实现对电动机的精准控制。

电压输出模块通常使用数字到模拟转换器（DAC）来将CPU生成的数字信号转换为相应的模拟电压输出。这种转换过程经过精确的计算和校准，确保输出电压的准确性和稳定性。同时，电压输出模块还能够提供一定的电流驱动能力，以满足设备对电源的功率需求。

在电压输出模式下，PLC可以根据设备的实际需求调整输出电压的大小，从而精确控制设备的运行速度或力度。这种灵活性使得PLC在工业控制中具有广泛的应用，涉及各种需要电压调节的设备，如电动机、变频器等。

2.电流输出

举例来说，假设在太阳能光伏发电系统中，我们需要将PLC生成的控制信号转换为特定的电流输出，以驱动光伏逆变器。光伏逆变器将直流电能转换为交流电能，供应给电网或用于自用。

通过电流输出模块，PLC可以提供稳定的电流输出，确保光伏逆变器得到适当的电流供应，并实现对其工作状态的准确控制。这是非常重要的，因为光伏逆变器的工作效率和性能直接影响着太阳能发电系统的输出功率和可靠性。

根据光伏阵列的负载情况和太阳能辐射强度的变化，电流输出模块可以根据需求动态调整输出电流。例如，在太阳能辐射较强时，电流输出模块可以提供较大的输出电流，以最大程度地利用光伏阵列的发电能力。而在太阳能辐射较弱或负载较小时，电流输出模块可以相应降低输出电流，以避免浪费和过载现象。

通过电流输出模块的精确控制，光伏逆变器能够在不同工作条件下保持高效稳定的运行，并将发电功率最大化。这种输出模式还能够实时监测电流输出状态，并提供反馈信息给PLC，以确保系统的安全性和可靠性。

3.开关输出

开关输出模块是一种常见且通用的输出模块类型，用于将CPU生成的控制信号转换为开关状态（通/断）输出，以控制外部设备的开关操作。这种输出模式通过使用继电器、晶体管或半导体开关等元件来实现。

开关输出模块特别适用于需要进行简单开关控制的场合。例如，在自动化系统中，开关输出模块可以用于控制电机、阀门、灯光等设备的开关状态。通过接收来自CPU的控制信号，开关输出模块能够根据需求将外部设备的电源连接或断开，实现对设备的精确控制。

开关输出模块通常具有较高的开关容量和耐久性，能够承受较高的电流和电压负载，并具备较长的使用寿命。开关输出模块还具有快速响应的特点，能够迅速地将开关状态切换到所需的位置。

在工业自动化、家庭自动化和建筑物控制等领域，开关输出模块被广泛使用。它们可以与其他输入输出模块配合使用，实现复杂的控制系统。通过将 CPU 生成的控制信号转换为开关状态输出，开关输出模块能够提供稳定和可靠的开关操作，满足各种设备控制需求。

除了以上常见的输出模块类型，还存在一些特殊类型的输出模块，如模拟输出模块和专用输出模块。模拟输出模块可以将 CPU 生成的模拟信号转换为连续可变的输出，适用于需要精确控制连续变化的设备。而专用输出模块则针对特定类型的外部设备进行优化设计，以满足特定应用需求。

（四）编程软件

编程软件是用于编写和编辑 PLC（可编程逻辑控制器）的程序的工具。它提供了一个用户友好的界面，使工程师能够以图形化的方式编写程序，并对其进行调试、模拟和监控。

通常，PLC 的编程软件采用类似于梯形图（ladder diagram）的图形化语言，其中包含了各种逻辑元件和功能块，如接触器、定时器、计数器等。通过将这些元件按照特定规则连接起来，工程师可以编写出复杂的控制逻辑，实现对外部设备的精确控制。

编程软件的主要功能之一是编写和编辑 PLC 程序。工程师可以在软件中创建新的程序文件，然后使用预定义的元件和功能块来构建控制逻辑。这些元件通常以图标或符号的形式表示，工程师只需简单拖拽和连接它们即可完成程序的编写。

编程软件还提供了丰富的调试和测试功能。工程师可以使用软件中的仿真模式，在没有实际设备的情况下模拟运行程序，并观察其行为和输出结果。这有助于及早发现和修复程序中的错误，提高系统的可靠性和稳定性。

编程软件还可以与 PLC 进行连接，实时监控和调试运行中的程序。工程师可以通过软件查看和修改程序的状态、变量值等信息，并在需要时进行调整和优化。这样，他们可以迅速响应系统运行中的问题，提高故障排除的效率。

一些先进的编程软件还提供了功能强大的诊断和报警功能。它们可以记录运行时的事件和错误信息，生成详细的日志报告，帮助工程师分析和解决潜在问题，提高系统的可维护性和可靠性。

二、PLC的应用

（一）机械设备控制

PLC 的应用范围十分广泛，其中之一就是机械设备控制。PLC 作为一种可编程逻辑控制器，可以在各种机械设备的控制系统中发挥重要作用。通过控制电机、气缸、阀门等执行器的运行状态，PLC 能够实现机械设备的自动化控制，提高生产效率和质量。

PLC 可以应用于机床控制系统。在传统的数控机床中，PLC 可以控制电机的启停、速度调节以及运动轨迹等。通过编程设置，PLC 能够实现复杂的运动控制，例如自动换刀、自动定位、自动测量等功能，大大提升了机床的加工精度和自动化程度。

PLC 还可以用于物料输送设备的控制。在生产线上，物料的输送速度和顺序是非常重要的。PLC 可以根据工艺流程和产品需求，控制输送带、滚筒等设备的运行状态，确保物料的准确运输和顺序排列。同时，PLC 还能够与其他设备进行联动，实现自动化的物料输送和加工过程。

PLC 还可以应用于各种机械设备的监控和故障诊断。通过与传感器和仪表进行连接，PLC 可以实时监测设备的运行状态、温度、压力等参数，并根据设定的条件进行报警或自动停机。当发生故障时，PLC 能够通过编程逻辑进行故障诊断，快速定位并给出相应的处理措施，提高设备的可靠性和维修效率。

（二）能源系统控制

PLC 在能源系统控制中能够广泛应用于发电厂、变电站以及电网等领域，实现能源系统的自动化控制，提高能源的效率和稳定性。

1.发电厂

通过 PLC 控制发电机组的启停、运行模式切换等操作，能够实现对电力的精确控制。同时，PLC 还能监测发电机组的运行状态、温度、振动等参数，并及时报警或采取相应措施，确保设备的安全运行。PLC 还可以与电力调度系统进行联动，根据电网负荷情况进行自动调节，实现电力供需的平衡。

2.变电站

变电站是将发电厂产生的高压电能转换为适合输送和使用的低压电能的关

键环节。PLC 可以控制变电站的开关装置，实现对电力的分配和传输。通过 PLC 的编程设置，可以根据电网负荷变化自动调整开关状态，保持电网的稳定运行。同时，PLC 还能监测变电设备的温度、湿度、电流等参数，并进行远程监控和故障诊断，提高设备的可靠性和运行效率。

3.电网

电网的负荷平衡对于能源系统的稳定运行至关重要。PLC 可以实时监测电网的负荷状况，并根据设定的策略进行自动调节。当负荷过大或过小时，PLC 可以通过控制负荷开关、发电机组等设备，实现负荷的均衡分配，保持电网的稳定供电。

（三）交通运输控制

PLC 在交通运输控制领域能够实现道路交通和公共交通系统的自动化控制，提高交通流畅性、安全性和效率。

1.交通信号灯

通过 PLC 的编程设置，可以实现交通信号灯的时序控制，确保不同方向的车辆按照规定的时间间隔进行通行。根据交通流量和拥堵情况，PLC 能够自动调节信号灯的时长，实现交通的优化调度。PLC 还能与其他交通管理系统进行联动，如交通监控摄像头、车辆识别系统等，实现智能化的交通控制。

2.公共交通系统

例如，在地铁系统中，PLC 可以控制列车的运行和停靠。通过 PLC 的自动化控制，可以确保列车按照预定的时刻表准时到达站台，并控制列车的速度和运行模式，保证乘客的安全和舒适。同时，PLC 还可以实现列车与站台的精确对接，确保乘客的快速上下车和站台的高效运营。

3.交通监测和故障诊断

通过与传感器和监测设备的连接，PLC 能够实时监测交通流量、道路状态、车辆位置等信息，并进行数据分析和处理。当发生交通事故或设备故障时，PLC 能够及时检测并给出警示，协助相关部门进行故障诊断和处理。

第三节　DCS（分布式控制系统）的原理和应用

DCS（分布式控制系统）是一种基于计算机网络的智能电气设备控制技术，它将传感器、执行器和控制器连接在一个分布式网络中，实现对电气设备的集中监控和远程控制。

一、DCS 的原理

DCS 的原理主要包括硬件结构和软件系统两个方面。

（一）硬件结构

DCS（分布式控制系统）的硬件结构主要由以下几个组成部分组成：

1.分散输入/输出（I/O）模块

这是 DCS 系统中的重要组件之一，它负责将外部传感器信号转换为数字信号，并将这些数字信号传输到控制器。I/O 模块通常包括模拟输入模块和数字输入模块，用于接收来自现场设备的模拟量信号或数字信号。同时，I/O 模块还包括模拟输出模块和数字输出模块，用于向执行器发送控制信号。

2.控制器

控制器是 DCS 系统的核心部分，负责处理输入信号、执行控制算法，并输出控制信号到执行器。控制器通常采用高性能的工业计算机或嵌入式系统，具有强大的计算能力和数据处理能力。控制器通过与 I/O 模块的连接，实现对输入信号的采集和处理，并根据预设的控制算法生成相应的控制信号。

3.执行器

执行器是根据控制信号执行相应动作的设备，如开关电源、调节阀门等。执行器可以是各种类型的电气设备或机械设备，其功能是根据来自控制器的控制信号进行相应的操作。执行器通过与控制器或 I/O 模块的连接，接收控制信号并执行相应的动作。

4.通信网络

通信网络是DCS系统中各个硬件组件之间的连接桥梁，它实现了数据的传输和控制命令的传递。通信网络可以采用以太网、串行通信等不同的通信协议和技术，确保各个硬件组件之间能够实时地进行数据交换和通信。通过通信网络，控制器可以与I/O模块和执行器进行数据交互，并发送控制指令进行远程控制。

（二）软件系统

DCS（分布式控制系统）的软件系统主要包括以下几个模块：

1.监控模块

监控模块是DCS系统中的核心模块之一，它负责采集和显示各个设备的状态信息，提供实时监控功能。监控模块通过与I/O模块的连接，实时获取设备传感器的数据，并将其显示在监控界面上。操作人员可以通过监控界面了解设备的运行状态、参数值和报警信息等。监控模块还可以提供趋势图、曲线图等功能，帮助用户进行数据分析和故障诊断。

2.控制模块

控制模块是DCS系统中的关键模块，它根据设定的控制算法对设备进行自动控制。控制模块通过与控制器的连接，接收来自监控模块的实时数据，并根据预设的控制策略生成相应的控制指令。这些控制指令会被发送到执行器，以实现对设备的自动控制。控制模块通常具有灵活的配置能力，可以根据不同的工艺需求进行参数设置和调整。

3.数据存储模块

数据存储模块用于将设备状态信息和历史数据存储在数据库中，以便后续的查询和分析。通过将数据存储在数据库中，用户可以随时检索历史数据，并进行数据分析、趋势分析等操作。数据存储模块还可以支持数据备份和恢复功能，确保数据的安全性和可靠性。

4.报警模块

报警模块负责监测设备状态，并在出现异常情况时发出报警信息。报警模块通过与监控模块和控制模块的连接，实时监测设备的运行状态和参数值，并与预设的报警规则进行比对。一旦设备出现故障、超过设定的阈值或不符合预期的工艺要求，报警模块会立即发出警报，通知相关人员进行处理。报警模块还可以记录报警事件和处理过程，用于事后分析和改进。

二、DCS 的应用领域

（一）石化工业

在石化工业中，分布式控制系统（DCS）被广泛应用于控制和监控各种生产过程，如原油加工、化工反应以及储运系统等。DCS 的引入使得生产过程能够得到精确控制和优化，从而提高了生产效率和产品质量。

石化工业是指通过对石油、天然气等化石能源进行加工转化，生产出各种有机化学品和石油化工产品的工业领域。这个行业涉及复杂的生产过程和设备，因此需要一种先进的自动化系统来实现控制和监测。

DCS 作为一种先进的控制系统，具有多个控制单元、分散的输入输出模块以及一个中央控制器。这些控制单元可以连接到不同的传感器和执行器，以便实时监测和控制生产过程中的参数和变量。通过 DCS，操作员可以方便地远程监视和控制整个生产线，而无需亲自到现场。

在原油加工过程中，DCS 可以监测和控制温度、压力、流量等参数，确保原油在加工过程中达到预定的要求。通过实时数据采集和分析，DCS 可以调整工艺参数，优化反应过程，提高产品的质量和产量。

化工反应是石化工业中一个非常重要的环节。DCS 可以监测反应器中的温度、压力、物料流量等参数，并实时调整反应条件，确保反应过程稳定和安全。DCS 还能够实现自动配料和控制反应速率，提高化工反应的效率和产品质量。

储运系统是将生产好的化工产品从生产线送往存储和运输设施的过程。通过 DCS，可以实现对储罐和管道的远程监控和控制。DCS 可以检测储罐的液位、温度和压力等参数，以确保产品的安全存储和运输。DCS 还可以监测管道的流量和阀门的开闭情况，确保产品顺利地输送到目的地。

（二）制造业

在制造业中，自动化控制系统（DCS）被广泛应用于自动化生产线、机械加工中心、装配线等场景。这些系统通过集成计算机、传感器、执行器和通信设备等技术，实现对制造过程的自动控制和监控，从而提高生产效率和产品质量，并实现柔性制造和快速响应客户需求。

DCS 在制造业中扮演着自动化控制的关键角色。它可以实现对生产设备的自动调度和控制，减少人为干预，降低生产过程中的错误和损失。通过 DCS，生产线上的各个工序可以实现高度的协同和配合，从而提高生产效率和灵活性。DCS 还能够对生产过程进行实时监控，及时发现问题并采取相应的措施，确保产品的一致性和质量。

DCS 在实现柔性制造和快速响应客户需求方面发挥着重要作用。制造业需要根据市场需求的变化进行灵活的生产调整。通过 DCS，生产设备可以快速切换生产模式和产品配置，实现柔性制造。同时，DCS 还可以与企业的供应链管理系统进行集成，实现对订单和库存的及时跟踪和管理，以便快速响应客户需求，缩短交货周期。

（三）过程工业

过程工业是一个关键的领域，它涉及诸如水处理、制药、食品加工等各种连续流程。在这些行业中，自动化控制系统（DCS）被广泛应用于控制和监控生产过程。通过 DCS，可以实现对生产过程的精确控制和优化，以确保产品符合质量标准和安全要求。

DCS 在过程工业中扮演着控制和调节的核心角色。它能够集成传感器和执行器等设备，对温度、压力、流量等参数进行实时监测和调节。通过 DCS，操作人员可以对生产过程进行精确控制，调整参数以实现最佳的生产效率和产品质量。

过程工业中的生产过程通常非常复杂，并且受到多种因素的影响。通过 DCS，可以采集大量的数据并进行实时分析，从而了解生产过程的状态和趋势。基于这些数据，操作人员可以进行精细调整和优化，提高生产过程的效率和稳定性。DCS 还可以应用先进的算法和模型，进行预测分析和优化决策，进一步提升生产过程的性能。

过程工业中的产品往往需要符合严格的质量标准和安全要求。DCS 可以实时监测生产过程中的关键参数并及时采取措施来纠正偏差；记录和存储生产过程中的数据，以便后续追溯和分析，确保产品的可追溯性和质量一致性；与其他系统集成，如质量管理系统和安全监测系统，共同保障产品质量和生产安全。

第六章　智能电气设备的通信技术

第一节　工业通信协议的概述

工业通信协议是指用于工业自动化领域的通信标准和协议，它们定义了在工业设备之间进行数据传输和通信的规范。工业通信协议在工业控制系统中起到关键的作用，能够实现设备之间的数据交换、监控和控制操作。

一、工业通信协议的作用

工业通信协议在工业自动化领域中具有重要的作用。它们提供了一种标准化的方式来进行设备之间的数据交换和通信，可以实现设备之间的数据共享、远程监控和控制操作。通过工业通信协议，各种类型的工业设备可以实现互联互通，形成一个完整的自动化系统。

二、常见的工业通信协议

（一）Modbus

Modbus是一种常见的工业通信协议，广泛应用于工业自动化领域。Modbus是一种基于串行通信的协议，用于连接可编程逻辑控制器（PLC）和其他电子设备。

Modbus协议具有简单易用的特点，适用于不同的硬件平台和操作系统。它可以通过串口、以太网等多种物理介质进行通信，提供了灵活的选项。

Modbus协议采用主从结构，其中PLC作为主站，其他设备作为从站。主站通过发送请求命令来获取从站的数据或控制从站的操作。

在Modbus协议中，常见的数据类型包括线圈（Coil）、离散输入（Discrete Input）、保持寄存器（Holding Register）和输入寄存器（Input Register）。线

圈和离散输入表示布尔类型的数据，而寄存器则可以存储更复杂的数据类型。

Modbus 协议定义了一系列功能码，用于实现不同的功能。例如，功能码 03 用于读取保持寄存器的值，功能码 06 用于写入单个寄存器的值。

除了传统的 Modbus 协议外，还有一些衍生的变种协议，如 Modbus TCP 和 Modbus RTU。Modbus TCP 使用以太网作为物理介质，通过 TCP/IP 协议进行通信，而 Modbus RTU 则使用串口作为物理介质。

（二）Ethernet/IP

Ethernet/IP 基于以太网技术，用于连接和通信工业自动化设备。它结合了以太网和工业协议（Industrial Protocol）的优点，成为了现代工业通信领域中的重要协议之一。

Ethernet/IP 采用客户端-服务器的模式进行通信。在这种模式下，设备可以充当客户端发送请求或者作为服务器响应请求。这种模式使得不同设备之间能够进行高效的数据交换和控制操作。

Ethernet/IP 支持多种数据类型，包括布尔型、整型、浮点型等。通过定义对象模型和实例，可以对设备的不同功能和参数进行描述和访问。同时，它还支持多种服务，如读写数据、报警和事件通知等。

Ethernet/IP 使用标准以太网作为物理介质，并且支持 TCP/IP 协议。这使得它能够与现有的以太网网络无缝集成，并且具有较高的可靠性和扩展性。

该协议具有广泛的应用领域，包括工厂自动化、过程控制、机器人技术等。通过 Ethernet/IP，各种工业设备可以方便地进行数据交换和控制操作，实现智能化生产和集成化管理。

（三）HART

HART（Highway Addressable Remote Transducer）是一种常见的数字通信协议，用于在智能仪表和控制系统之间进行双向通信。它结合了模拟信号传输和数字通信的优势，成为了工业自动化领域中的重要协议之一。

HART 协议允许智能仪表通过模拟信号传输数据，并且可以通过数字通信实现远程监测和控制。这使得 HART 协议可以与传统的 4-20mA 模拟信号接口兼容，同时提供了更多的功能和灵活性。

HART 协议采用主从结构，其中控制系统或者配置工具作为主站，智能仪表作为从站。主站通过发送命令来获取从站的数据或者配置从站的参数。智能仪表则负责响应命令，并将数据传输给主站。

HART 协议支持双向通信，主站可以发送读取命令来获取智能仪表的测量数据、状态信息等，同时也可以发送写入命令来配置仪表的参数。这种双向通信使得操作和维护智能仪表变得更加方便和灵活。

HART 协议使用 FSK（Frequency Shift Keying）调制技术，通过调制载波频率的方式传输数字信号。它可以在模拟信号线上叠加数字信号，而不影响原始的 4-20mA 模拟信号传输。这种方式使得 HART 协议能够与现有的仪表和控制系统兼容，无需更改硬件接口。

HART 协议具有广泛的应用领域，包括过程控制、工厂自动化、油气行业等。通过 HART 协议，智能仪表可以实现远程监测和控制，提高了系统的可靠性和效率。同时，HART 协议还提供了诊断功能，可以实时监测仪表的状态和故障信息，帮助用户进行维护和故障排除。

这些工业通信协议各有特点，适用于不同的应用场景和设备类型。选择合适的工业通信协议可以提高系统的性能和稳定性。

三、工业通信协议的特点

工业通信协议具有以下几个特点：

（一）实时性

工业自动化领域对数据传输的实时性要求较高，即需要及时传输和处理实时数据。工业通信协议需要能够在实时性要求下进行数据传输和通信，确保数据的准确性和及时性。

（二）可靠性

工业设备通常需要长时间运行，因此工业通信协议需要具有高可靠性，能够在恶劣环境下稳定运行。它应能够处理噪声、干扰和通信中断等问题，并具备自动重连和错误校验机制，以确保数据的完整性和可靠性。

（三）安全性

工业自动化系统中的数据传输往往涉及机密和敏感信息，如生产计划、工艺参数等。因此，工业通信协议需要提供安全机制来保护数据的安全性，防止未经授权的访问、篡改和泄露。常见的安全措施包括加密算法、身份验证和访问控制等。

（四）互操作性

不同类型的工业设备可能使用不同的通信协议，这些设备之间需要进行数据交换和通信。为了实现设备之间的互操作性，工业通信协议需要具备一定的标准化和兼容性，使得不同设备可以相互识别、交换数据和共享资源。

第二节　以太网在智能电气设备中的应用

以太网是一种常用的局域网技术，它在智能电气设备中的应用包括数据传输、远程监控和控制、智能化管理等方面。

一、数据传输

以太网是一种广泛应用于计算机网络中的局域网技术，它提供了高速、可靠的数据传输和通信能力。随着智能电气设备的不断发展，以太网在智能电气设备中也得到了广泛的应用。

（一）数据传输与监控

在智能电气设备中，以太网最常见的应用之一是数据传输与监控。通过将智能电气设备连接到以太网，可以实现设备之间的数据共享和传输。这种应用广泛应用于各个领域，包括家庭、商业和工业等。

一个典型的例子是智能电表。通过将智能电表连接到以太网，可以实时传输用电信息到配电管理系统。这样，用户和运营商可以方便地监控电能使用情况，并进行相应的管理和调整。以太网还可用于传输其他设备的状态信息和故障报警。例如，当智能电器出现故障时，它可以通过以太网发送警报信息给维护人员，使其能够及时响应并解决问题。

通过以太网进行数据传输和监控的好处是多方面的。以太网提供了高速、可靠的数据传输能力，使得设备之间可以实时地共享数据，这对于实现即时的监控和管理至关重要。通过以太网进行数据传输，可以减少传统的物理连接和布线的成本和复杂性，不再需要繁琐的布线过程，使得设备的安装和维护更加便捷。以太网还可以实现远程监控和管理，无论用户身在何处，都能方便地查看设备的状态和进行相应的操作。

（二）智能化协同与集成

通过将多个智能电气设备连接至同一个以太网网络，可以实现设备之间的信息共享和协同操作，为用户提供更加便利、高效的使用体验。

在建筑物自动化系统中，以太网可以连接照明系统、空调系统、安防系统等设备，实现对整个建筑物的智能化管理和集成控制。通过互联互通，这些设备能够共享数据和信息，相互协同工作，从而实现更加智能、高效的运行。

智能化协同与集成可以提高设备的效率。通过以太网连接，不同设备之间可以进行实时的数据传输和交换。例如，当感应到某个房间没有人时，照明系统可以通过连接的传感器自动关闭灯光，从而节约能源。空调系统也可以根据感知到的温度变化自动调整温度，提供舒适的环境。各个设备之间的协同操作可以减少人为干预，提高设备的运行效率。

智能化协同与集成可以降低能耗。通过以太网连接的设备可以实时共享能耗信息和数据。建筑物自动化系统可以根据实时的能耗情况，调整设备的运行模式和参数，以最佳的方式管理能源消耗。例如，在照明系统中，可以根据光照强度和室内人员数量自动调节灯光亮度，实现节能减排。

智能化协同与集成还可以提供更加舒适和安全的使用环境。通过连接不同的智能电气设备，可以实现智能化的场景控制。例如，在建筑物的会议室中，通过一键控制可以同时调整灯光、温度和投影仪等设备，为会议提供舒适的环境。在安防系统方面，通过连接各个监控设备和报警系统，可以实现对建筑物的全方位监控和及时响应，提升安全性。

（三）云平台与大数据分析

云平台与大数据分析在智能电气设备中的应用越来越广泛。通过将智能电气设备连接至云平台，可以实现对采集到的大量数据进行存储、分析和挖掘，为用户提供更加智能、个性化的服务和解决方案。

以太网连接至云平台的方式，使得智能电气设备能够将采集到的各种数据上传至云端进行存储和处理。这些数据可以包括设备的工作状态、能耗情况、环境参数等。通过云平台的强大计算和存储能力，这些数据可以被存储、整合和分析，从而提供更深入的洞察和价值。

通过大数据分析，可以利用先进的算法和模型，深入挖掘数据背后的信息。例如，在智能家居系统中，通过分析用户的生活习惯和能源消耗情况，可以建立用户行为模型，并预测用户的用电需求。基于这些分析结果，可以提供个性化的节能建议和智能调控方案，帮助用户优化能源利用效率，降低能耗成本。

云平台还可以支持智能电气设备之间的数据共享和协同。通过云平台，不同的设备可以将采集到的数据上传至云端，并与其他设备的数据进行整合和分析。这样，设备之间可以实现信息的互通和协同操作，为用户提供更加一体化、智能化的服务。

值得注意的是，在应用过程中需要重视数据保护和安全措施，确保用户数据的隐私和安全。

二、智能化管理

在智能化管理方面，以太网在智能电气设备中发挥了重要作用。通过以太网连接，智能电气设备可以实现与上位机、PLC 控制器、SCADA 系统等的连接，实现数据共享和集中管理。这种智能化管理方式为用户提供了更加智能、便捷的设备管理和监控手段。

以太网连接使得智能电气设备可以与上位机或中央控制系统进行数据通信。通过数据共享，不同设备之间可以相互传递运行状态、工艺参数等信息，实现设备之间的协同操作和自动化控制。例如，在工业生产线中，通过以太网连接的设备可以将采集到的数据传输至上位机，上位机可以对数据进行分析和处理，并根据设定的规则和算法进行自动控制和调整。这种集中管理和控制方式提高了设备的管理效率和精度，减少了人为干预的需求。

以太网连接还可以实现设备的远程升级和管理。通过网络连接，用户可以远程升级设备的软件和固件，保持设备处于最新状态。这样一来，设备可以获得更好的功能和性能，并且可以及时修复漏洞和安全问题，提高设备的可靠性和安全性。远程升级还可以避免了传统方式下需要人工逐个设备进行升级的繁琐操作，提高了管理效率和便利性。

在智能化管理中有一些注意事项。由于智能电气设备通过以太网连接到网络，因此需要采取相应的安全措施，防止未经授权的访问和攻击；不同厂商生产的智能电气设备可能存在兼容性问题，需要考虑设备之间的互操作性和统一管理的可行性。

未来，随着物联网和工业互联网的快速发展，以太网在智能电气设备中的应用前景更加广阔。一方面，以太网可以与其他传感器、控制器和设备进行连接，构建起智能电气系统，实现更高级别的自动化和智能化。另一方面，以太网还可以与云计算、大数据和人工智能等技术相结合，实现对设备数据的深度分析和智能决策，提升设备的运行效率和性能。

第三节　无线通信技术在智能电气设备中的应用

随着科技的不断发展，无线通信技术在各个领域中都得到了广泛应用，智能电气设备也不例外。无线通信技术为智能电气设备带来了许多便利和创新，提高了设备的智能化程度和功能性。

一、无线通信技术的分类

无线通信技术的分类可以根据不同的应用场景和特性进行划分。以下是几种常见的无线通信技术分类：

（一）蓝牙（Bluetooth）

蓝牙是一种无线通信技术，主要用于连接各种便携设备，如手机、平板电脑和音频设备等。它采用低功耗的无线电技术，可以在大约 10 米的距离范围内传输数据。

蓝牙技术的发展始于 1990 年代初期，由瑞典爱立信公司率先提出，并得到了诺基亚、IBM 和英特尔等公司的支持。它最初的目标是替代串行电缆，实现简单的无线数据传输。

蓝牙技术采用了 2.4 GHz 频段的无线电波进行通信，这个频段是属于 ISM（工业、科学和医疗）频段之一。蓝牙通过频分多址（FDMA）和时分多址（TDMA）技术来实现多设备同时通信的能力。它使用短距离通信，不会干扰其他无线设备，并且具有较低的功耗，使得蓝牙成为了连接便携设备的理想选择。

蓝牙技术的发展经历了几个版本的更新和改进。最初的蓝牙 1.0 版本在 1999 年发布，但由于存在一些兼容性和安全性问题，后续推出了 1.1 和 1.2 版本进行修复和改进。随后，蓝牙 2.0 版本引入了增强数据传输速率（EDR）和自适应频率跳转（AFH）等功能，大大提升了蓝牙的性能和稳定性。蓝牙 3.0 版本则引入了高速模式（HS），可以实现更快的数据传输速度。

而今，蓝牙 4.0 版本已经成为主流，它引入了低功耗技术（Low Energy，LE），为物联网（Internet of Things，IoT）的发展奠定了基础。低功耗蓝牙技术使得蓝牙设备的电池寿命得到显著延长，从而推动了智能家居、健康监测和可穿戴设备等领域的快速发展。

蓝牙技术的应用非常广泛。人们可以使用蓝牙连接无线耳机，享受高质量的音乐和通话体验。智能手环和健康监测设备可以通过蓝牙与手机同步数据，帮助人们实时了解自己的健康状况。汽车蓝牙技术使得驾驶者可以通过手机和车载系统进行语音通话和音乐播放。

（二）Wi-Fi

Wi-Fi 技术是一种无线通信技术，用于在局域网内连接各种设备，如电脑、智能手机和智能电视等。它基于 IEEE 802.11 标准，并具备高速的无线数据传输能力，同时支持多个设备同时连接。因此，Wi-Fi 被广泛应用于家庭、办公室、酒店、商场等各种场所的无线网络。

Wi-Fi 的优势在于其便捷性和灵活性。与有线网络相比，Wi-Fi 允许用户通过无线方式连接到互联网，消除了使用繁琐的有线连接的需求。这使得用户可以在不同位置自由移动，而无需担心受限于有线连接的范围。

Wi-Fi 还具有较高的数据传输速度。根据不同的 Wi-Fi 标准，如 802.11n、802.11ac 和 802.11ax 等，Wi-Fi 可以提供不同级别的速度和性能。这使得用户可以更快地下载和上传文件，观看流媒体内容以及进行在线游戏等活动。

另一个重要的优点是 Wi-Fi 支持多个设备同时连接。现代生活中，人们通常拥有多个智能设备，如智能手机、平板电脑、笔记本电脑等。通过 Wi-Fi，这些设备可以同时连接到同一个网络，并与互联网进行通信和共享资源。这为用户提供了更大的便利，使得多设备间的数据传输和共享变得更加容易。

但 Wi-Fi 信号的范围受限于无线路由器的覆盖范围，因此在较远距离或障碍物较多的情况下，信号质量可能会下降。Wi-Fi 信号还容易受到干扰，如来自其他无线设备、电磁波等，这可能导致信号不稳定或速度降低。

为了克服这些问题，人们通常采取一些措施来优化 Wi-Fi 信号，例如使用增强型路由器、安装信号放大器或调整设备位置等。

（三）ZigBee

ZigBee 技术是一种专为低功耗、近距离传输而设计的无线通信技术。

ZigBee 的主要特点之一是其低功耗。由于 ZigBee 通信模块采用了省电的设计，它可以在长时间内运行，并且使用较小的电池供电。这使得 ZigBee 技术非常适合那些需要长时间工作的设备，如传感器、遥控器和智能家居设备等。

另一个重要的特点是 ZigBee 网络的简单性。ZigBee 网络通常由一个协调器和多个终端设备组成，形成一个星型或网状拓扑结构。协调器负责管理整个网络，终端设备可以通过协调器与其他设备进行通信。这种简单的结构使得 ZigBee 网络容易部署和管理。

ZigBee 还支持灵活的拓扑结构。除了星型和网状拓扑之外，ZigBee 还可以实现多跳、自组织和自修复等功能。这意味着 ZigBee 网络可以根据需求进行扩展，并具备一定的容错能力。

ZigBee技术在智能家居、工业自动化和农业监测等领域得到广泛应用。在智能家居中，ZigBee可以实现设备之间的互联互通，例如智能灯光、温度控制和安防系统等。在工业自动化中，ZigBee可以用于传感器网络和远程监控系统，提高生产效率和降低能源消耗。在农业监测中，ZigBee可以用于土壤湿度、气象数据和灌溉控制等方面，帮助农民实现精准农业管理。

但由于ZigBee使用的频率较低，传输速率较慢，不适合大规模数据传输。并且ZigBee网络的安全性也需要加强，以保护用户的隐私和数据安全。

（四）Z-Wave

Z-Wave技术是一种专门用于低功耗家庭自动化的无线通信技术。与ZigBee类似，Z-Wave技术也具备低功耗、简单网络结构和高可靠性等特点。它采用了低功耗的设计，使得设备可以长时间运行，并且使用较小的电池供电。

一个显著的特点是Z-Wave技术使用的频段较窄。它在900MHz的无线频段工作，这个频段相对较少受到其他无线设备的干扰。这意味着Z-Wave设备可以在各种环境下稳定运行，确保数据传输的可靠性。

Z-Wave还支持多个设备同时连接。它采用了网状拓扑结构，允许设备之间通过多跳方式进行通信。这种灵活的拓扑结构使得Z-Wave网络可以根据需求进行扩展，并且具备自修复能力，即当某个设备失效时，网络可以自动找到替代路径，确保整个网络的稳定性。

Z-Wave技术广泛应用于智能家居中的各种设备。智能门锁、智能插座、智能温控器和安防系统等设备都可以使用Z-Wave技术实现互联互通。通过Z-Wave网关，用户可以远程控制和监控这些设备，实现智能化的家居体验。

Z-Wave还具备了高安全性。它采用了AES-128位加密算法，确保数据传输的安全性和隐私保护。这对于智能家居而言非常重要，因为它涉及用户的个人信息和家庭安全。

但Z-Wave设备相对较昂贵，这可能会增加整体成本。而且由于Z-Wave是一种专有技术，设备的选择相对较少，与其他开放标准的设备不太兼容。

除了以上几种常见的无线通信技术，还有许多其他的分类，如NFC（近场通信）、LTE（长期演进）、LoRaWAN（远程低功耗广域网）等。每种无线通信技术都有其特定的应用领域和优势，根据实际需求选择合适的技术对于建立稳定、高效的无线通信系统非常重要。

二、无线通信技术的基本原理

无线通信技术是指利用无线电波或其他无线介质进行信息传输和交流的技术。它通过将要传输的信息转换成无线信号，并通过天线进行发送和接收，实现信息的传递。无线通信技术已经广泛应用于各个领域，包括移动通信、卫星通信、无线局域网等。

（一）调制与解调

调制是指将要传输的信息转换成适合在无线介质中传播的信号。在无线通信中，常用的调制方式包括幅度调制（AM）、频率调制（FM）和相位调制（PM）。调制后的信号可以方便地在无线介质中传播。

解调是指将接收到的无线信号还原成原始的信息。解调过程与调制过程相反，通过检测无线信号的振幅、频率或相位变化来提取出携带的信息。解调器是无线通信系统中的重要组成部分，它可以将接收到的无线信号还原成原始的模拟信号或数字信号。

（二）调制与解调技术

1.幅度调制（AM）

幅度调制是一种常见的调制方式，它利用改变无线信号的振幅来携带信息。在幅度调制中，原始的音频信号被视为低频信号，它包含着需要传输的声音信息。而高频载波信号则是一个固定频率且振幅恒定的信号。通过将这两个信号相乘，原始的音频信号就被调制到了载波信号上。

具体而言，我们可以将原始音频信号用振幅的大小来表示，振幅较大的部分对应着信号的高峰，而振幅较小的部分对应着信号的低谷。当原始音频信号的振幅较大时，调制后的信号的振幅也会较大，反之亦然。

幅度调制广泛应用于无线通信领域，尤其在广播和电视传输中。它具有简单、成本低廉的特点，但也存在一些问题，例如受到干扰的影响较大，信号质量相对较差等。

2.频率调制（FM）

频率调制是利用改变无线信号的频率来携带信息。在频率调制过程中，我们将原始的音频信号视为基带信号，它包含着需要传输的声音信息。而高频载波信号则是一个固定频率且振幅恒定的信号。通过改变基带信号的频率，我们就可以改变调制后信号的频率。

当原始音频信号的振幅较大时，调制后的信号的频率会偏离载波信号的基准频率，而当原始音频信号的振幅较小时，调制后的信号的频率接近于载波信号的基准频率。

与幅度调制不同，频率调制具有抗干扰能力强、传输质量好等优点。

3.相位调制（PM）

相位调制是利用改变无线信号的相位来携带信息。在相位调制过程中，我们将原始的音频信号视为基带信号，它包含着需要传输的声音信息。而高频载波信号则是一个固定频率且振幅恒定的信号。通过改变基带信号对载波信号的相位进行调制，我们就可以改变调制后信号的相位。

当原始音频信号的振幅较大时，调制后的信号的相位会发生较大的变化，而当原始音频信号的振幅较小时，调制后的信号的相位变化较小。

相位调制在无线通信领域有着广泛的应用，尤其在数字通信中。它具有抗噪声干扰能力强、带宽利用效率高等优点。相位调制常用于无线数据传输、调频广播以及数字通信系统中。

在调制与解调技术中，幅度调制、频率调制和相位调制在接收端都是一样的。需要使用解调器对接收到的信号进行解调，以恢复出原始的音频信号。解调的过程与调制相反，即通过提取调制信号中振幅、频率以及相位的变化来还原出原始的音频信号。

（三）天线与传播

天线是无线通信中的重要组成部分，它用于发送和接收无线信号。发送端通过天线将调制后的信号转换成电磁波并辐射出去，接收端的天线则用于接收来自发送端的无线信号。

无线信号在空间中的传播受到多种因素的影响，包括传播距离、地形、建筑物等。常见的无线传播方式包括直射传播、散射传播和多径传播。直射传播是指无线信号直接从发送天线到达接收天线；散射传播是指无线信号在传播过程中被物体散射而改变传播方向；多径传播是指无线信号经过多条路径到达接收天线，导致信号强度和相位发生变化。

（四）调制解调器与传输协议

调制解调器（Modem）是无线通信系统中的核心设备，它负责实现信号的调制和解调。调制解调器将数字信号转换成模拟信号进行无线传输，并将接收到的模拟信号转换成数字信号进行处理。

传输协议是指在无线通信过程中约定好的信号交换规则。常见的无线通信协议包括蓝牙、Wi-Fi、LTE 等。这些协议规定了数据的格式、传输速率、错误检测和纠错等内容，保证了无线通信的可靠性和稳定性。

三、智能电气设备中的无线通信技术应用

（一）智能电表

智能电表是一种能够实现远程抄表和数据传输的电能计量设备，无线通信技术在智能电表中得到了广泛应用。

1.远程抄表

传统的电表抄表方式需要人工上门进行操作，既费时又费力，并且存在一定的出错概率。然而，采用无线通信技术的智能电表可以通过无线网络远程抄读电能使用情况，极大地简化了抄表过程。

智能电表通过内置的无线通信模块，可以与数据采集器或者远程服务器进行通信。当需要进行抄表时，无需人工上门，只需在远程服务器或者数据采集器端发起指令，智能电表即可将当前的电能使用情况通过无线信号传输回服务器。这样就实现了对电表数据的远程监控和抄读。

采用无线通信技术进行远程抄表节省了人力资源，不再需要专门派人上门抄表，减少了人力成本和工作时间。由于无线通信的准确性高，避免了人工抄表中可能出现的错误和误差，提高了数据的准确性和可靠性。无线通信还可以实现实时抄表，及时了解电能使用情况，便于监测和管理。

除了远程抄表，采用无线通信技术的智能电表还可以实现其他功能，如远程控制、电能计量等。通过与智能家居系统或者能源管理系统的连接，可以实现对电能的智能控制和管理。

2.实时监测

智能电表利用无线通信技术实现了实时监测功能，可以将实时用电数据传输到电力公司或用户手机等终端设备上。这为用户提供了随时随地查看用电情况的便利，帮助他们更好地管理能源并节约用电成本。

通过无线通信技术，智能电表可以与电力公司的服务器或用户的手机应用程序进行数据交互。当用户需要查看实时用电数据时，只需打开手机应用程序或访问相关网页，在与智能电表建立连接后，即可获取实时用电信息。

实时监测功能使用户能够清楚了解当前的用电量、功率因素以及各个时间段的用电情况。用户可以通过查看实时用电数据，判断自己的用电行为是否合理，是否存在能源浪费的情况。同时，用户还可以根据实时用电数据，制定合理的用电计划，合理安排用电时间和负荷，以减少高峰期用电压力，降低用电成本。

实时监测功能还可以帮助用户及时发现异常用电情况。如果用户发现用电量明显增加或超过预设阈值，可能意味着存在电器设备故障、漏电等问题。通过实时监测，用户可以及时采取措施，避免能源的浪费和安全隐患。

3.负荷控制

智能电表基于无线通信技术可以与其他智能家居设备或电力系统进行连接，实现负荷控制和优化调度的功能。通过负荷控制，智能电表可以在电网负荷过大时对家庭电器进行自动调整，以降低峰值负荷。

当电网负荷过大时，传统的电力系统可能会面临供电不足、电压波动等问题。而采用无线通信技术的智能电表可以与智能家居设备、电力系统等进行实时通信，根据电网的负荷情况进行负荷调节和控制。

通过与智能家居设备的连接，智能电表可以根据电网负荷情况，自动对家庭电器进行调整。例如，在电网负荷过大时，智能电表可以向家庭中的某些电器发送指令，要求其进入待机模式或降低功率使用，以减轻电网负荷。这种负荷控制可以避免电网过载，提高电力系统的稳定性和可靠性。

同时，智能电表还可以通过与电力系统的连接，接收电力公司发出的负荷控制指令。当电力系统负荷过大时，电力公司可以通过智能电表向用户发送负荷控制指令，要求其减少用电负荷。智能电表接收到指令后，可以自动对家庭电器进行相应的调整，以响应电力公司的需求。

负荷控制功能的实现，不仅可以帮助电力公司平衡电网负荷，提高电力系统的稳定性，还有助于用户节约能源和降低用电成本。通过合理控制负荷，避免峰值用电，用户可以享受更加经济高效的用电体验。

（二）工业领域

除了智能电表，无线通信技术也在工业领域中得到了广泛的应用。

1.智能电网系统

智能电网系统利用无线通信技术实现了电力系统的远程监控和操作功能。通过无线通信技术，电力公司可以及时获取各个电站、变电站的运行状态，减少故障的发生，并且可以远程对电力设备进行控制和维护。

传统的电力系统监控需要人工巡检和手动操作，效率低下且存在一定的安全风险。而采用无线通信技术的智能电网系统可以实现对电力设备的远程监控和操作。通过在电力设备上部署无线传感器和通信模块，可以实时采集电力设备的运行数据，并将数据传输到电力公司的服务器或监控中心。

通过远程监控，电力公司可以随时了解各个电站、变电站的运行状态，包括电压、电流、功率等参数。当出现异常情况或预警信号时，系统会自动发出警报，提醒相关人员进行处理。这样可以及时发现并解决潜在问题，减少故障的发生，并提高电力系统的可靠性和稳定性。

智能电网系统还可以实现远程操作和维护功能。电力公司可以通过远程控制指令，对电力设备进行调整和操作。例如，可以远程切换电力设备的工作模式、调节负荷平衡、进行维护和检修等。这大大提高了操作效率，减少了人力资源的浪费，并且降低了人员在危险环境中操作的风险。

2.资产管理系统

无线通信技术可以实现工厂内各类资产的远程管理和监控，为资产管理系统提供了便利。通过在各类资产上部署无线传感器和通信模块，可以实时采集资产的运行数据，并将数据传输到指定的终端设备。工作人员可以通过手机应用程序、电脑软件等远程接入资产管理系统，实时查看资产的状态和运行情况。

通过远程监控，工作人员可以随时了解资产的工作状态、运行参数以及异常情况。当资产出现故障或运行异常时，系统会自动发出警报，提醒相关人员进行处理。这样可以及时发现并解决潜在问题，减少故障的发生，并提高资产的可靠性和稳定性。

无线通信技术的应用还可以帮助进行资产数据的分析和管理。通过收集和分析大量的资产数据，可以提供实时的资产状态、运行趋势、维护计划等信息，为资产管理者的决策提供参考依据，优化资产管理的效率和成本。

尽管无线通信技术在智能电气设备中有着广泛的应用前景，但也面临着一些挑战。其中主要包括安全性、稳定性、功耗等方面的问题。为了解决这些问题，需要在无线通信技术的研发和应用中加强安全防护、优化传输协议、提高能效等方面的工作。

目前，大部分城市地区都已经使用上了 5G 网络通信信号。未来，随着 6G 等新一代无线通信技术的发展，智能电气设备中的无线通信技术将进一步得到提升和应用。新一代无线通信技术将具备更高的速度、更低的延迟和更大的容量，为智能电气设备的创新和发展提供更多可能性。

第七章　智能电气设备的监控与决策技术

第一节　智能电气设备的远程监控与管理

近年来，随着物联网技术的不断发展和应用，远程监控与管理可以实现对电气设备的实时监测、故障诊断、远程操作等功能，极大地提高了设备的可靠性和运行效率。

一、远程监控与管理的意义

（一）提高工作效率

在传统的电气设备监控中，人工巡检是一项耗费时间和人力资源的工作。工作人员需要定期前往设备现场进行巡查，检查设备的运行状态和可能存在的故障情况。这种方式存在着一些不足之处，例如无法实时获取设备的运行数据、漏检或延误发现问题等。

然而，随着智能技术的发展，远程监控与管理逐渐成为解决这些问题的有效手段。远程监控可以通过网络连接设备和监控中心，实现对设备状态的实时监测和远程操作，从而提高工作效率。

远程监控可以实现对设备状态的实时监测。通过传感器技术，可以采集到设备的各种参数信息，如温度、湿度、电流、电压等。这些数据可以通过网络传输到监控中心，并进行实时显示和记录。工作人员可以通过监控中心的界面，随时了解设备的运行状态，无需亲临现场进行巡查。这样就大大节省了巡查时间，提高了工作效率。

远程监控还可以及时发现并解决问题。当设备出现异常情况时，传感器会即时将数据传输到监控中心，并触发相应的报警机制。工作人员可以通过远程操作，对设备进行诊断和处理。比如，通过远程控制开关，可以对设备进行重启或关闭操作；通过调节参数，可以对设备进行优化配置。这种方式缩短了故障处理时间，提高了响应速度，有效地解决了问题。

远程监控还可以对设备进行预测性维护。通过对设备运行数据的分析，可以发现一些潜在的故障迹象，提前采取措施进行维护。这种方式可以避免设备突然出现故障导致的停机和生产损失，进一步提高工作效率。

（二）提升设备安全性

传统的电气设备安全检查通常需要人工巡查和现场操作，存在人为因素带来的风险，同时也无法实现全天候监测。通过远程监控系统可以对设备进行24小时不间断的监测，及时发现潜在的安全隐患，并采取相应的措施，以确保设备运行的安全可靠。

远程监控系统支持远程操作和控制。当发现设备存在安全隐患时，工作人员可以通过远程控制设备的功能，对设备进行相应的操作。例如，可以远程关闭设备或切断电源，以避免进一步的安全风险。远程监控系统还可以通过调节参数，对设备进行优化配置，以减少安全隐患的发生。

远程监控系统提供了报警和预警机制。当设备出现异常情况时，系统会自动发出警报通知相关人员。工作人员可以根据警报信息及时采取相应的措施，包括远程指导操作、派遣维修人员等，以确保设备的安全运行。

远程监控系统还能够记录和分析设备运行数据，用于事后的故障诊断和分析。通过对设备历史数据的分析，可以发现潜在的安全隐患，找出问题的根本原因，并采取相应的改进措施，以提升设备的安全性和可靠性。

（三）优化资源配置

传统的电气设备管理往往依赖于人工巡检和固定的设备运行模式，难以灵活调整和优化资源配置。通过远程监控与管理，可以实现对设备的智能化管理，优化资源配置，从而提高设备利用率、降低能源消耗，并减少环境污染。

远程监控系统可以实时采集设备的各种参数信息，如温度、湿度、电流、电压等，以及设备的运行状态等数据。这些数据可以通过网络传输到监控中心，并进行分析和处理。基于这些数据，系统可以智能地调整设备的工作模式和参数设置，以优化资源的使用。例如，根据设备负载情况，动态调整设备的功率输出，避免资源浪费和能源过度消耗。系统还可以根据设备运行数据，进行预测性维护，提前识别设备故障迹象，合理安排维护计划，避免因设备突发故障而造成生产停机和资源浪费。

远程监控系统还可以通过数据分析和预测模型，提供决策支持。系统可以对大量的设备运行数据进行分析，挖掘隐藏在数据中的规律和趋势，为管理者提供合理的决策依据。例如，基于历史数据和趋势分析，系统可以预测未来的设备负载情况，帮助管理者合理安排资源和制定生产计划，避免资源过剩或短缺的问题。

二、远程监控与管理的关键技术

（一）通信技术

远程监控所需的数据传输需要依赖于各种通信技术，这些技术在连接设备和监控中心之间起到了桥梁作用。目前，常见的通信技术包括以太网、无线通信（如 Wi-Fi、蓝牙、LoRa 等）和移动通信（如 4G、5G 等）。

1.以太网

以太网是一种基于有线传输的局域网技术，广泛应用于远程监控系统中。它通过使用网络交换机或路由器来连接设备和监控中心，实现高速、稳定的数据传输。以太网能够支持大量设备同时连接，并具备较高的带宽和可靠性，适用于对数据传输速率和实时性要求较高的监控场景。

2.无线通信

无线通信技术在远程监控中也发挥着重要的作用。其中，Wi-Fi 是一种基于无线局域网的通信技术，通过无线接入点将设备与监控中心连接起来。Wi-Fi 具备覆盖范围广、传输速率快的特点，适用于中小型区域内的监控需求。蓝牙技术可以用于近距离的设备连接，例如监控摄像头与移动终端之间的数据传输。LoRa（低功耗广域网）是一种适用于低功耗、远距离通信的技术，可用于监控系统中的物联网设备。

3.移动通信

移动通信技术在远程监控领域具备重要地位。4G 和 5G 是目前常用的移动通信技术标准，它们通过无线网络将设备与监控中心连接起来。这些技术提供了更高的数据传输速率和较低的延迟，能够满足大规模监控系统对于实时性和高带宽的需求。移动通信技术的便携性和灵活性使其适用于需要移动监控或在偏远地区进行监控的场景。

（二）数据存储与处理技术

远程监控系统需要处理大量的数据，因此必须具备强大的数据存储和处理能力。云计算技术为远程监控系统提供了可靠的数据存储和计算资源，同时也方便了用户对数据的访问和管理。

1.数据存储技术

云存储是一种基于云计算的数据存储方式，它将数据存储在云服务器上，通过网络进行访问。云存储具备高可靠性、可扩展性和灵活性的特点，能够满足远程监控系统对于大容量、长期保存数据的需求。同时，云存储还支持数据备份和恢复功能，确保数据的安全性和可靠性。

2.数据处理技术

远程监控系统需要对大量的实时数据进行处理和分析，以提供有用的信息和决策支持。云计算平台提供了强大的数据处理能力，包括数据预处理、数据挖掘、机器学习等技术。通过使用这些技术，可以对采集到的数据进行实时分析和处理，从而提取出有价值的信息。例如，可以通过数据挖掘技术对监控视频进行智能识别和分析，实现目标检测、行为识别等功能。

3.数据访问与管理

云计算技术还提供了便捷的数据访问和管理方式。用户可以通过云平台提供的接口或应用程序接入云存储，进行数据的上传、下载和管理。同时，云平台还支持对数据的权限控制和安全保护，确保只有授权用户才能访问和操作数据。云平台还提供了灵活的数据查询和分析工具，方便用户对数据进行统计分析和可视化展示。

三、远程监控与管理存在的问题及应对措施

（一）安全性问题

远程监控与管理在实际应用中面临着一系列的问题与挑战，其中安全性问题是最为重要和紧迫的考虑因素之一。远程监控涉及大量的数据传输和存储，这些数据往往包含着机密和敏感信息，如企业内部的生产数据、客户的个人信息等，因此必须采取有效的措施确保数据的机密性和完整性。

1.安全隐患

远程监控需要通过互联网进行数据传输，而互联网是一个开放的网络环境，容易受到黑客攻击和数据窃取的威胁。因此，必须采用加密技术来保护数据传输的安全，如使用 SSL/TLS 协议进行数据加密和身份验证，确保数据在传输过程中不被篡改或截取。

2.存储安全

远程监控所产生的大量数据需要进行存储和管理，然而这些数据可能会成为攻击者的目标。为了保护数据的安全，可以采用数据备份和冗余存储的方式，确保即使出现数据丢失或损坏，仍能恢复数据的完整性。同时，还需要建立严格的权限管理机制，限制只有授权人员才能访问和操作数据，避免内部人员滥用权限或泄露数据。

3.设备安全

远程监控通常需要通过网络连接到被监控的设备，而这些设备可能存在漏洞或弱点，容易受到攻击。为了保护设备的安全，可以采取多层次的防护措施，如使用防火墙、入侵检测系统等来阻止未经授权的访问和攻击。另外，及时更新设备的软件和固件，修补已知的漏洞也是非常重要的。

4.用户认证和授权

只有经过身份验证和授权的用户才能访问和操作远程监控系统，这样可以避免未经授权的人员进入系统，减少系统被攻击的风险。为了增强用户认证和授权管理的安全性，可以采用多因素认证的方式，结合密码、指纹、令牌等多种身份验证方式，提高系统的安全性。

（二）技术兼容性问题

技术兼容性问题是指不同厂家生产的设备由于采用不同的通信协议和接口而导致无法实现互联互通的情况。这种问题给设备的互操作性带来了挑战，限制了设备间的数据共享和协作。解决技术兼容性问题需要采取一系列措施。

标准化和统一通信协议是解决技术兼容性问题的基础。各个行业和领域应该共同制定通用的通信协议标准，以确保不同厂家生产的设备可以相互交流和理解。例如，在物联网领域，有许多组织致力于制定统一的物联网通信标准，如 MQTT 和 CoAP，以促进设备之间的互联互通。

使用中间件和网关技术也是解决技术兼容性问题的有效手段。中间件可以充当设备之间的桥梁，将不同通信协议转换为统一的格式，从而实现设备间的互通。网关技术则可以在设备和系统之间进行数据格式和协议的转换，使得不兼容的设备能够与系统进行有效的通信。通过使用中间件和网关技术，可以降低设备之间的集成难度，提高系统的兼容性。

开放式平台和应用程序接口（API）的使用也能够解决技术兼容性问题。开放式平台可以为不同厂家的设备提供一个统一的开发环境和接口，使得各个设备可以方便地进行集成和交互。通过开放 API，设备制造商可以向第三方开发者提供设备的功能和数据接口，从而促进设备的兼容和生态系统的繁荣。

最后，产业界应该加强合作和沟通，共同解决技术兼容性问题。设备制造商、标准化组织、中间件开发者和系统集成商等各方应该加强合作，共同推动技术的发展和应用。通过开展联合研究和项目合作，可以加速技术的创新和应用，推动设备的互通和兼容。

（三）人员培训问题

人员培训是解决远程监控与管理中的关键问题之一。由于远程监控与管理涉及多种技术和知识领域，对工作人员的技能要求较高，因此需要进行专业的培训和指导，以提升他们的能力和素质。

培训人员需要深入了解远程监控与管理技术的专业知识。这包括了解远程监控系统的原理和构成，掌握网络通信和数据传输的基本原理，了解各种监控设备和传感器的使用方法，等等。通过系统的培训，使人员能够全面理解远程监控与管理技术的特点和应用场景，为后续工作打下坚实的基础。

培训人员还需要熟悉相关的软件和平台操作。远程监控与管理常常依赖于专门的软件和平台来实现数据采集、分析和管理。因此，培训人员需要学会正确操作这些软件和平台，包括设置参数、分析数据和生成报告等。通过培训，可以帮助人员掌握软件和平台的使用技巧，提高工作效率。

培训人员还需要具备问题解决和故障排除的能力。在远程监控与管理过程中，可能会出现各种技术问题和故障，例如网络连接中断、设备故障等。培训人员需要学会快速定位问题的原因，并采取相应的解决措施。为此，培训应该注重实践操作和案例分析，提高人员的问题解决能力和故障排除技巧。

定期的培训更新也是必要的。由于远程监控与管理技术不断发展，相关的软件、硬件和标准也在不断更新和演进。为了跟上技术的发展趋势，培训人员需要进行持续的学习和培训，了解最新的技术动态和发展方向。这可以通过参加行业研讨会、培训课程和进行专业认证等方式来实现。

第二节　数据分析与智能决策支持技术

智能电气设备通过感知环境、采集数据和进行自主决策，为用户提供便利和效率。然而，随着智能电气设备数量的增加，所产生的数据量也急剧增加，如何从海量数据中提取有价值的信息并做出智能决策成为一个重要的挑战。

一、智能电气设备数据分析

智能电气设备通过传感器和监测器等装置采集各种数据，如温度、湿度、电流、电压等。这些数据可以反映设备的状态、性能和运行情况。通过对这些数据进行分析，可以提取出设备的健康状况、故障预警、能耗管理等关键信息。

（一）数据采集和存储

智能电气设备通过传感器等装置实时采集数据，并将其传输到数据中心或云平台进行存储。数据采集和存储是智能电气设备数据分析与智能决策支持技术中的重要环节，涉及数据传输的可靠性、实时性以及安全性，同时也需要考虑数据的存储结构和容量规划。

在数据采集方面，智能电气设备通过配备各种传感器，如温度传感器、湿度传感器、电流传感器、电压传感器等，实时监测和采集设备的各种参数数据。这些传感器通过物联网技术将采集到的数据传输到数据中心或云平台进行进一步处理和存储。数据传输的可靠性是一个关键问题，确保数据能够准确、完整地传输到指定位置，避免数据丢失或损坏。

数据的实时性也是一个重要的考虑因素。智能电气设备通常需要对设备状态进行实时监测和控制，因此数据的实时传输至关重要。实时传输可以确保用户能够及时获取设备的最新状态和运行情况，从而做出相应的决策和调整。

在数据存储方面，需要考虑数据的存储结构和容量规划。智能电气设备产生的数据量通常是庞大的，因此需要选择合适的存储结构和技术来存储这些数据。常见的存储方式包括关系型数据库、非关系型数据库以及分布式文件系统等。同时，还需要对数据存储容量进行规划，确保有足够的存储空间来保存设备生成的数据，并能够随着时间的推移进行扩展。

（二）数据清洗和预处理

由于智能电气设备采集到的原始数据可能存在噪声、异常值和缺失值等问题，因此需要进行数据清洗和预处理，以提高数据的质量和可用性。

在数据清洗方面，主要目标是去除数据中的噪声和异常值。噪声是指由于传感器故障、信号干扰等因素引入的随机误差，而异常值是指与其他数据不一致或明显偏离正常范围的数据点。这些干扰因素会对数据分析和决策产生负面影响，需要通过各种方法进行检测和处理。常见的方法包括基于统计学的离群值检测算法、时间序列模型等。通过识别和去除这些干扰因素，可以得到更加准确和可靠的数据。

数据预处理包括处理缺失值和数据规范化。缺失值是指数据中某些属性或特征缺失的情况，可能由于设备故障、数据采集错误等原因导致。在进行数据分析和建模之前，需要针对缺失值进行处理。常见的方法包括删除缺失值、插值法填补缺失值等。数据规范化则是将不同特征的数据统一转换为相同的尺度，以便于比较和分析。常用的数据规范化方法包括最小-最大规范化、Z-score 规范化等。

还可以通过特征选择和降维技术来进一步优化数据的质量和可用性。特征选择是从所有采集到的特征中选择最相关和最有价值的特征子集，以减少冗余信息和降低数据维度。常用的特征选择方法包括相关系数分析、信息增益和主成分分析等。降维技术则是将高维度的数据转化为低维度的来表示，以减少计算复杂度和提高模型效果。常见的降维方法包括主成分分析、线性判别分析等。

（三）特征提取和选择

通过对采集到的数据进行特征提取和选择，可以从中提取出最具代表性和区分度的特征，用于后续的数据分析和决策支持。

特征提取是将原始数据转换为更加具有代表性和可解释性的特征表示的过程。在特征提取中，常用的方法包括统计学方法、频域分析、时域分析等。例如，可以通过计算均值、方差、最大值、最小值等统计量来描述数据的整体特征；通过应用傅里叶变换或小波变换等频域分析方法，可以提取数据的频率特征；而通过时域分析方法，如自相关函数、互相关函数等，可以揭示数据的时间特征。通过这些方法，可以将原始数据转化为更加有意义和有效的特征表示。

特征选择是从众多的特征中选择最相关和最有价值的特征子集的过程。特征选择的目的是减少冗余信息、降低维度，并提高模型的效果和泛化能力。在特征选择中，常用的方法包括过滤式方法、包裹式方法和嵌入式方法等。

过滤式方法是通过计算特征与目标变量之间的相关性或重要性指标来进行选择；包裹式方法是将特征选择问题看作一个搜索问题，并根据模型效果来评估特征子集；而嵌入式方法则是在模型训练过程中，直接将特征选择和模型构建结合起来。这些方法可以帮助筛选出最具有区分度和预测能力的特征，提高数据分析和决策支持的准确性。

随着机器学习和深度学习的快速发展，特征提取和选择的方法也得到了极大的丰富和拓展。例如，在深度学习中，可以使用卷积神经网络（CNN）和递归神经网络（RNN）等模型进行端到端的特征学习和选择，从而自动地从原始数据中提取出最有用的特征表示。

（四）数据分析和建模

在特征提取和选择之后，通过各种数据分析和建模方法，可以揭示数据背后的隐藏规律和关联性，为后续的决策支持提供依据。

回归分析是一种用于探索变量之间关系的方法。通过回归分析，可以建立一个数学模型来描述自变量和因变量之间的关系，并预测因变量的值。回归分析适用于连续型数据和预测问题。常见的回归分析方法包括线性回归、多项式回归、岭回归等。利用这些方法，可以根据自变量的取值预测因变量的值，并分析变量之间的相关性。

聚类分析是将数据集中的对象划分为若干个组或簇的方法。聚类分析通过计算数据点之间的相似度或距离来确定聚类的方式，从而将相似的数据点归为一类。聚类分析适用于无监督学习和发现数据内在的结构和模式。常见的聚类分析方法包括 K-means 聚类、层次聚类、密度聚类等。通过聚类分析，可以将数据点分组，发现潜在的群体或类别，并对不同组进行比较和分析。

分类分析是一种通过训练模型将数据点划分到已知类别的方法。分类分析适用于有监督学习和预测问题。常见的分类分析方法包括决策树、支持向量机、朴素贝叶斯等。通过分类分析，可以基于已有的标记数据训练分类器，并利用分类器对新的未知数据进行分类预测。

时间序列分析是一种针对时间相关数据进行建模和预测的方法。时间序列分析适用于具有时间顺序的数据，并用于预测未来的趋势和模式。常见的时间序列分析方法包括自回归移动平均模型（ARMA）、自回归积分移动平均模型（ARIMA）、指数平滑法等。通过时间序列分析，可以识别数据的季节性、趋势性和周期性，并预测未来的数据变化。

（五）结果可视化和呈现

结果可视化和呈现是智能电气设备数据分析与智能决策支持技术中至关重要的环节。通过以图表、报告和可视化界面等形式呈现数据分析的结果，可以使用户更直观地理解数据的意义、趋势和关联性，从而做出相应的决策。

图表是一种常用的结果可视化方式，可以通过柱状图、折线图、饼图等来展示数据的分布、变化趋势和比例关系。例如，在能耗管理方面，可以利用柱状图展示不同设备的能耗情况，以及不同时间段的能耗变化；在故障预警方面，可以通过折线图展示设备运行状态的变化趋势，从而帮助用户发现异常情况。

报告是一种结构化的结果呈现方式，可以将数据分析的过程和结果进行详细描述，并提供相应的解释和推论。报告通常包括数据背景、目标、方法、结果和结论等部分。通过报告的呈现，用户可以全面了解数据分析的过程和结果，从而更好地理解数据的含义和影响。

可视化界面则是一种交互式的结果展示方式，通过直观的图形化界面让用户自主探索数据分析的结果。可视化界面可以提供丰富的交互功能，如筛选、排序、缩放等，以便用户根据自己的需求和兴趣来探索数据。例如，在能耗管理方面，可以设计一个实时监测的可视化界面，让用户随时查看设备的能耗情况，并根据需要进行调整和优化。

除了图表、报告和可视化界面，还可以利用其他的多媒体形式来呈现数据分析的结果，如动画、视频等。这些多媒体形式可以更生动地展示数据的变化和趋势，增强用户对数据分析结果的理解和记忆。

二、智能决策支持技术

智能决策支持技术是基于数据分析结果，通过模型和算法等方法，为用户提供决策的建议和支持。这些技术可以帮助用户在面对复杂的决策问题时，更加科学、准确地做出决策。

（一）决策模型建立

智能决策支持技术在不同的决策问题中，可以根据需求建立相应的决策模型。这些模型可以基于规则的专家系统，也可以基于统计学或机器学习的方法。

一种常见的决策模型是基于规则的专家系统。专家系统通过收集和整理领域内的专家知识，并将其表示为一系列规则。这些规则可以帮助解决特定类型的问题，并提供相应的决策建议。例如，在医疗领域，可以建立一个专家系统来辅助医生进行诊断，根据患者的症状和历史数据，系统可以给出可能的疾病诊断和治疗方案。

另一种常见的决策模型是基于统计学或机器学习的方法。这些模型利用历史数据进行分析和挖掘，从中提取出有用的信息，构建预测模型和优化模型。预测模型可以用于预测未来的趋势和情况，例如销售量、市场需求等。而优化模型则可以帮助找到最佳的决策方案，例如资源分配、生产计划等。

（二）决策推理和评估

智能决策支持技术通过对已有信息和知识的综合分析，帮助决策者得到不同决策方案的风险、效益和可行性等指标，并进行综合评估和比较。

决策推理是指通过逻辑和推理的方式，从已有的事实和规则中推导出新的结论。在智能决策支持技术中，可以利用专家系统、规则引擎等工具来实现决策推理。这些工具将领域专家的知识和经验转化为一系列规则，然后根据当前的情况和条件，应用这些规则进行推理，得出相应的决策建议。例如，在金融领域，可以使用专家系统来推理客户的信用风险，根据客户的个人信息和历史数据，判断其是否符合贷款资格。

决策评估是指对不同决策方案进行综合评估和比较，以确定最佳的决策选项。在智能决策支持技术中，可以使用多准则决策分析方法来进行评估。这些方法可以将不同的决策指标进行量化，并考虑它们之间的权重和关联性，从而得出综合评分。例如，在市场营销中，可以使用多准则决策分析来评估不同的市场推广策略，考虑到各种因素如成本、效果、风险等，并最终选择最具优势的策略。

智能决策支持技术还可以利用数据挖掘和机器学习算法来进行决策评估。通过对历史数据的分析和挖掘，可以发现不同决策方案与结果之间的关系，进而建立预测模型或优化模型。这些模型可以帮助决策者预测未来的趋势和结果，评估决策方案的风险和潜在效益。例如，在供应链管理中，可以使用机器学习算法来预测需求和供应之间的平衡，以便制定最佳的库存管理策略。

（三）决策优化和调整

通过对不同决策方案进行模拟和仿真，可以评估各种方案的效果，并根据实际情况进行优化和调整。

决策优化是指寻找最佳决策方案的过程。在智能决策支持技术中，可以使用优化算法来解决复杂的决策问题。这些算法可以考虑多个约束条件和目标函数，并根据问题的特点，搜索最优解。例如，在物流管理中，可以使用优化算法来确定最佳的运输路线和货物分配方案，以实现成本最小化并满足客户需求。

决策调整是指根据实际情况对已有决策方案进行修改和调整。智能决策支持技术可以根据实时数据和反馈信息，对决策方案进行监测和评估，并及时进行调整。这种调整可以基于规则或机器学习的方法。例如，在金融投资中，可以使用智能算法来根据市场变化和投资者的风险偏好，动态调整投资组合的权重和配置。

智能决策支持技术还可以通过模拟和仿真来评估不同决策方案的效果。通过建立决策模型，并在模型中引入各种变量和场景，可以模拟不同的决策结果，并评估其效果和风险。这种模拟和仿真可以帮助决策者更好地理解决策方案的潜在影响，并作出合理的调整。例如，在城市规划中，可以使用仿真技术来模拟不同的交通规划方案，评估对交通拥堵情况的影响，以便做出最佳的决策。

（四）决策结果反馈和改进

通过对决策结果的监测、分析和评估，可以不断优化决策模型和算法，提高决策的准确性和可靠性。

决策结果的反馈是指将实际的决策结果与预期进行比较，并从中获得有价值的信息。智能决策支持技术可以帮助收集和整理决策结果的数据，并将其与原始决策依据进行对比。通过分析决策结果的差异和偏差，可以识别出决策过程中可能存在的问题和风险。例如，在销售预测中，可以对实际销售量与预测值进行比较，以评估预测模型的准确性，并发现潜在的改进空间。

基于决策结果的反馈，智能决策支持技术可以进行决策模型和算法的改进。通过分析决策结果的原因和影响因素，可以调整和优化决策模型中的参数和权重，或者改进机器学习算法的训练过程。这种改进可以使决策模型更加准确和可靠，并提高其对未知情况的适应能力。例如，在风险管理中，可以根据实际损失数据对风险模型进行修正，以提高风险评估的准确性和敏感度。

除了对决策模型的改进，智能决策支持技术还可以通过反馈结果来改进决策过程本身。通过分析决策结果和决策过程中的关键节点，可以发现潜在的决策偏差和误判，并采取相应的措施进行纠正。这可能涉及改进决策者的决策能力和经验，提供培训或指导，或者优化决策流程和信息传递机制。例如，在项目管理中，可以通过回顾与反思会议来总结项目决策的成功和失败经验，并为将来的决策提供指导。

第八章　智能电气设备的故障诊断与维护

第一节　故障诊断技术概述

故障诊断技术是指通过对设备、系统或机械部件进行检测和分析，以确定其存在的问题或故障，并找出造成故障的原因。它在各个领域都有广泛应用，包括工业制造、汽车、航空航天、电子设备等。故障诊断技术的发展可以提高设备的可靠性和安全性，减少维修时间和成本，提高生产效率。

一、故障检测

故障检测是指通过传感器、仪表等手段对设备进行实时监测，获取设备运行状态的数据。这些数据可以是温度、压力、振动、声音等多种参数，也可以是设备的工作流程、信号传输等信息。故障检测的目的是及早发现异常情况，为后续的故障诊断提供数据基础。

二、故障特征提取

故障特征提取是指从大量的故障检测数据中提取出与故障相关的特征。这些特征可以是频谱分析、时域分析、小波分析等方法得到的参数，也可以是某些特定的模式或规律。通过故障特征提取，可以将大量的原始数据转化为更加简洁和有用的信息，以便进行进一步的故障诊断。

三、故障诊断方法

故障诊断方法是指根据故障特征和已知的故障数据库进行匹配和比对，确定设备所存在的故障类型和位置。常用的故障诊断方法包括模型基础故障诊断、统计学故障诊断、神经网络故障诊断等。这些方法可以根据不同的情况选择合适的算法和模型，从而提高故障诊断的准确性和效率。

四、故障预测与预防

除了对已经发生的故障进行诊断外，故障诊断技术还可以用于故障的预测和预防。通过对设备运行状态的监测和分析，可以判断设备是否存在潜在的故障风险，并及时采取措施进行修复或维护，以避免故障的发生。这种预测和预防的方式可以大大提高设备的可靠性和安全性，减少因故障而造成的损失。

故障诊断技术的发展离不开传感器、仪表、数据分析算法等的支持。随着人工智能和大数据技术的不断进步，故障诊断技术也在不断创新和发展。未来，故障诊断技术将更加智能化和自动化，可以通过机器学习和深度学习等方法进行故障诊断，提高故障诊断的准确性和效率。同时，故障诊断技术还将与物联网、云计算等技术相结合，实现设备远程监测和故障诊断，为各行各业带来更多便利和效益。

第二节　智能电气设备的故障检测与诊断方法

由于各种原因，智能电气设备在使用过程中可能会出现各种故障，给生产和生活带来不便和风险。因此，开发有效的故障检测与诊断方法对于确保设备正常运行和提高设备可靠性至关重要。

一、传统方法

在智能电气设备的故障检测与诊断中，传统方法主要包括经验法和基于物理模型的方法。

（一）经验法

经验法是一种根据经验和直觉来判断设备是否存在故障的方法。这种方法通常需要经验丰富的专业人员进行判断，并且容易受到主观因素的影响。尽管经验法在操作上简单直观，但其准确性和可靠性有限。

在使用经验法进行故障检测与诊断时，专业人员会根据自己多年的工作经验和对设备的了解来进行判断。他们会观察设备的运行状态、听取异常声音、嗅探特殊气味等，以判断设备是否存在故障。但每个专业人员的经验不同，对同一个故障可能会有不同的判断结果。由于主观因素的影响，专业人员在判断时可能会受到情绪、疲劳等因素的干扰，导致判断结果不准确。

经验法对于一些隐蔽或复杂的故障往往无法准确判断。某些故障可能没有明显的迹象或表现，只有通过深入的分析和测试才能发现。随着设备的复杂化和智能化，经验法的适用范围越来越受限。许多现代智能电气设备的故障往往需要借助先进的检测技术和算法才能准确判断。

尽管经验法存在一些局限性，但在某些特定情况下仍然具有一定的应用价值。例如，在一些简单的设备或常见的故障中，经验法可以作为一个快速判断工具，帮助专业人员迅速确定是否存在故障，并采取相应的措施。在无法使用其他更先进的方法进行故障检测与诊断时，经验法可以提供一种暂时的解决方案。

（二）基于物理模型的方法

基于物理模型的方法是一种利用设备的物理特性和数学模型进行故障检测与诊断的方法。这种方法通过对设备进行建模和仿真，将实际测量数据与模型预测结果进行比较，以判断设备是否存在故障。相比于经验法，基于物理模型的方法具有更高的准确性和可靠性，但也需要耗费大量的时间和精力来建立和验证模型。

在基于物理模型的方法中，首先需要对设备进行物理建模。这包括对设备的结构、工作原理、参数等方面进行深入理解，并将其转化为数学模型。建立好的模型可以描述设备的运行过程和特性，以及不同故障状态下的响应。常见的建模方法包括基于物理定律的方程组、状态空间模型等。

接下来，通过使用建立好的物理模型，将实际测量数据与模型进行对比。通常，会采集设备的传感器数据，如电流、电压、温度等，并输入到模型中进行仿真计算。通过比较模型的输出与实际测量数据的差异，可以判断设备是否存在故障。例如，如果模型预测的输出与实际测量数据存在显著偏差，那么可能意味着设备出现了故障。

基于物理模型的方法具有一定的优势。由于是建立在物理原理和数学模型之上，该方法可以提供更加准确和可靠的故障检测与诊断结果；基于物理模型的方法对于复杂系统和隐蔽故障的检测能力较强；由于物理模型是建立在理论基础上的，因此该方法具有较高的解释性，可以帮助我们深入理解设备故障的本质。

但基于物理模型的方法也存在一些挑战。建立和验证物理模型需要大量的时间、精力和专业知识，特别是对于复杂系统或新型设备，模型的建立可能非常困难；由于现实环境中存在多种不确定性和噪声，模型预测结果与实际测量数据之间可能存在误差；一些设备的物理特性可能会随着时间和使用条件的变化而发生演变，这也增加了模型的建立和维护的难度。

二、智能方法

为了提高智能电气设备的故障检测与诊断效果，近年来出现了许多基于智能算法的方法。

（一）基于信号处理的方法

基于信号处理的方法是一种利用传感器采集的设备信号进行故障检测与诊断的方法。这种方法通过应用信号处理技术，如傅里叶变换、小波变换和时频分析等，从设备信号中提取故障特征，并将其与预先定义的故障模式进行比较，以判断设备是否存在故障。

在使用基于信号处理的方法进行故障检测与诊断时，首先需要采集设备传感器的信号数据。常见的传感器包括电流传感器、温度传感器、振动传感器等，它们能够实时地获取设备的运行状态信息。接下来，对采集到的信号数据进行预处理，包括滤波去噪、降采样等，以减少噪声和冗余信息对后续分析的影响。

然后，通过应用不同的信号处理技术，可以提取信号中的故障特征。例如，傅里叶变换可以将信号从时域转换为频域，通过观察频谱图，可以发现频率成分的异常变化。小波变换则可以提供更好的时频局部化特性，对于瞬态信号和非平稳信号的故障特征提取更加有效。时频分析方法可以描述信号在时间和频率上的变化，用于检测故障引起的时频响应异常。

最后，将提取到的故障特征与预先定义的故障模式进行比较，以判断设备是否存在故障。这些故障模式可以是基于经验的、基于统计的或者是基于机器学习的。通过对比故障特征与故障模式的匹配程度，可以确定设备是处于正常工作状态还是出现了故障。根据故障的类型和严重程度，可以进一步诊断故障原因，并采取相应的维修措施。

基于信号处理的方法能够充分利用传感器数据中的信息，提取潜在的故障特征，对于早期故障的检测具有较高的灵敏度。信号处理技术可以适应不同类型和复杂度的信号，具有较强的通用性和适应性。信号处理技术已经相对成熟，实施起来相对较简单。

（二）基于机器学习的方法

基于机器学习的方法是一种利用机器学习算法对设备数据进行建模和训练，以实现故障检测与诊断的方法。通过收集设备运行时的数据样本，将其作为输入，并根据样本中的标记信息（正常或故障状态），训练机器学习模型来学习设备正常和故障状态之间的差异。常见的机器学习算法包括支持向量机（SVM）、决策树、随机森林、神经网络等。

在基于机器学习的方法中，首先需要准备用于训练的数据集。这些数据集可以包括设备传感器采集的各种参数，如电流、电压、温度、振动等。同时，还需要针对每个数据样本进行标记，指示该样本所属的状态（正常或故障）。这些数据将用于训练机器学习模型。

接下来，选择合适的机器学习算法，并使用训练数据集对模型进行训练。在训练过程中，模型会自动学习输入特征与输出标记之间的关系。通过反复调整模型的参数和结构，使模型能够更好地区分正常状态和故障状态之间的差异。

完成模型的训练后，可以使用新的未标记数据来进行故障检测与诊断。将这些数据输入已经训练好的模型中，模型会根据之前学习到的关系，自动判断设备当前状态是否正常或存在故障。通过设置阈值或者概率分数，可以根据模型的输出结果进行进一步的判断和决策。

基于机器学习的方法能够自动从大量的数据中学习设备的正常和故障状态之间的关联，不需要人为规定特定的规则或故障模式。机器学习模型可以适应复杂的非线性关系和高维数据，提供更准确的故障检测和诊断能力。随着数据量的增加和模型的持续训练，模型的性能和准确性还会得到进一步改善。

第三节　智能电气设备的维护策略

智能电气设备的正常运行对于保障生产、提高效率至关重要，因此，制定合理的维护策略是确保设备长期稳定运行的关键。

一、定期检查与保养

定期检查与保养是维护智能电气设备的基础工作，具体的维护策略如下：

（一）定期巡视

定期巡视是智能电气设备维护的第一步，其目的是及时发现潜在问题并进行预防性维护。以下是定期巡视的几个方面：

1.外观检查

定期检查设备的外观可以及时发现可能存在的损坏或异常情况，从而采取相应措施修复或更换，确保设备的正常运行。

检查设备箱体是否有变形、划痕或腐蚀等情况。这些问题可能会导致设备的密封性和防护性能下降，进而影响设备的稳定性和耐用性。如果发现箱体有明显的问题，应及时采取措施修复或更换。

观察设备面板上的指示灯是否正常工作。指示灯通常用于显示设备的状态和工作模式，如电源指示灯、故障指示灯等。通过观察指示灯的亮灭情况，可以初步判断设备是否正常工作。如果发现指示灯异常，应查明原因并进行相应修复。

还需要检查连接线缆是否破损或松动。连接线缆是设备内部各个组件和外部设备之间的桥梁，其稳固可靠的连接对于设备正常运行至关重要。定期检查连接线缆是否存在断裂、折断或松动等问题，如有发现应及时修复或更换。

2.系统部件检查

对于智能电气设备，除了对外观进行检查外，还需要对系统部件进行细致的检查。这一步骤至关重要，因为它确保了设备的正常运行和安全性。

检查电源是否正常工作。这包括检查电源线是否完好无损、插头是否接地良好以及电源开关是否灵活可靠。任何异常都可能引起供电问题或安全隐患，因此必须及时修复或更换。

检查开关的工作情况。开关是控制电路通断的重要部件，必须确保其正常工作。应该测试开关的灵敏度和稳定性，确保其可以准确地控制设备的开启和关闭。

保险丝也需要仔细检查。保险丝在电路中起到过载保护的作用，当电流超过额定值时会自动断开，以防止设备损坏或火灾等安全事故发生。应该检查保险丝的完整性和额定电流是否符合要求，并及时更换损坏或失效的保险丝。

插头是设备与电源之间的连接部件，必须保证插头与插座的连接可靠。应该检查插头的金属接触是否良好，有没有生锈或松动现象，并确保插头与插座之间没有杂质进入。

3.温度检测

智能电气设备在工作过程中会产生一定的热量，因此，定期检测设备的温度是非常重要的。通过使用红外测温仪等专业工具，我们可以测量设备不同部位的温度，并与正常工作状态下的温度范围进行对比，以判断设备是否存在过热问题。

使用红外测温仪对设备的各个关键部位进行测量。这些关键部位通常包括电源、处理器、散热器、电机等。我们需要注意测量时的距离和角度，确保测得的温度准确可靠。

接下来，将测得的温度与设备的正常工作温度范围进行对比。每个设备在正常工作状态下都有一个合理的温度范围。如果测得的温度超出了设备的正常范围，那么可能存在过热问题。

过热问题可能导致设备性能下降甚至损坏，还可能引发火灾等安全隐患。因此，一旦发现设备存在过热问题，应立即采取相应的措施。这可能包括清洁设备散热器，增加通风，检查风扇是否正常工作，或者联系专业人员进行维修和调整。

定期检测设备的温度可以帮助我们及时发现并解决过热问题，保障设备的正常运行和安全性。注意设备的周围环境温度，避免将设备放置在高温或密闭的环境中，也是重要的预防措施之一。

（二）清洁保养

定期清洁保养是维护智能电气设备的重要环节，它能够保持设备的正常运行状态和延长使用寿命。以下是清洁保养的几个方面：

1.设备表面清洁

定期清洁设备表面的灰尘、油污等杂物是保持设备正常运行和延长使用寿命的重要步骤。在清洁过程中，应该注意选择合适的工具和方法，以确保不会对设备造成损坏。

可以使用软布或吸尘器清除设备表面的灰尘。轻轻擦拭或吸尘可以有效去除表面的尘埃，防止其积累并影响设备的散热性能。在擦拭过程中，避免使用粗糙的布料，以免划伤设备表面。

对于一些顽固的污渍，可以使用专门的清洁剂进行清洁。但需要注意的是，选择清洁剂时要避免使用带有腐蚀性的溶剂，以免损坏设备的表面涂层或电路。在使用清洁剂前，最好先在不显眼的地方进行测试，确保其对设备表面没有不良影响。

对于开关和接口部分，应避免直接用湿布擦拭设备。因为水分可能会渗入到设备内部，引起短路或其他故障。如果需要擦拭这些部位，可以先将湿布稍微拧干或使用专门的电子设备清洁剂。

2.通风孔检查

智能电气设备通常配备有通风孔，这些通风孔的作用是散热和保持设备的正常运行。定期检查和清理这些通风孔对于设备的散热效果至关重要。

我们应该仔细检查通风孔是否被堵塞。通风孔可能会因为灰尘、纤维、杂物等而堵塞，导致设备散热不畅，进而影响设备的性能和寿命。可以用手触摸或用光源照射来检查通风孔是否有明显的堵塞现象。

如果发现通风孔被堵塞，应该及时清理。可以使用吸尘器、软毛刷或压缩空气清除通风孔中的杂物。在清理过程中，要注意避免用力过猛或使用尖锐的工具，以免损坏设备或使杂物更深入。

还需要注意设备周围的环境。确保设备周围没有堆积物、阻挡物或者其他设备过于靠近，以保证通风孔的畅通和良好的散热效果。

定期检查和清理设备的通风孔可以有效提高设备的散热效果，保持设备的正常运行。良好的散热能够降低设备的温度，减少因过热而引起的性能下降或损坏问题。同时，它还有助于延长设备的使用寿命，提高设备的可靠性。

3.高压设备绝缘清洁

在高压设备中，绝缘材料的状态至关重要。定期检查和清洁绝缘材料可以确保设备的安全性和可靠性。

应该仔细检查绝缘材料的状态，这包括橡胶密封件、塑料套管等。我们需要观察这些绝缘材料是否有裂纹、老化、变形或其他损坏迹象。这些问题可能导致绝缘效果降低，从而增加设备故障的风险。

如果发现绝缘材料有损坏或老化的迹象，应立即采取措施进行更换。新的绝缘材料能够提供更好的绝缘效果，减少电气故障和安全风险。在更换绝缘材料时，应选择符合规格和标准的合适材料，并遵循正确的安装方法。

要选择适用于绝缘材料的清洁剂，并按照说明书上的指导进行操作。注意不要使用腐蚀性溶剂或具有破坏性的清洁剂，以免损坏绝缘材料。

除了定期检查和清洁绝缘材料，还应该注意设备的周围环境。避免绝缘材料接触到高温、高湿或化学物质等可能对其产生损害的因素。

（三）润滑维护

对于需要润滑的设备部件，定期进行润滑维护可以减少机械摩擦和磨损，提高设备的运行效率和使用寿命。

1.润滑剂选择

根据设备的工作条件和要求，在选择润滑剂时，我们需要考虑以下几个因素：温度、压力、速度以及与设备材料的相容性。

温度是选择润滑剂的重要考虑因素之一。不同的润滑剂有不同的温度范围，能够承受的最高或最低温度也不同。因此，在选择润滑剂时，我们需要了解设备的工作温度范围，选择能够在该温度范围内保持良好润滑效果的润滑剂。

压力和速度也是选择润滑剂时需要考虑的因素。一些设备可能会承受较高的压力和速度，这就需要选择具有较高黏度指数和抗压性能的润滑剂，以确保在高负荷下仍能提供良好的润滑效果。

润滑剂与设备材料的相容性也很重要。有的润滑剂可能对设备材料产生腐蚀或损害，我们需要确保选择的润滑剂与设备材料相容，并不会对其造成损害。在选择润滑剂时，可以参考设备制造商提供的建议或咨询专业人士的意见。

根据设备的特殊需求，还可以考虑其他因素，如防水性、抗氧化性、抗腐蚀性等。这些特殊性能可以根据具体的工作环境和要求来选择合适的润滑剂。

2.润滑周期

润滑周期的确定应该根据设备的使用情况、工作环境和要求等因素进行评估。一般来说，润滑周期应考虑以下几个方面：

（1）设备的使用情况

不同设备在使用强度、频率和时长等方面存在差异。高速、高温、重载等工况下的设备通常需要更频繁的润滑，而轻载、低速或间歇使用的设备可以延长润滑周期。

（2）工作环境

恶劣的工作环境可能导致润滑剂的快速老化和污染，从而降低其润滑效果。例如，灰尘多、湿度高或化学物质存在的环境会加速润滑剂的衰减。在这种情况下，润滑周期应缩短，以保持良好的润滑性能。

（3）设备制造商的建议

设备制造商通常会提供关于润滑周期的建议，这些建议是基于他们对设备设计和性能的专业知识和经验。我们应该参考制造商的建议，并结合实际情况进行调整。

（4）润滑剂的特性

润滑剂的性能和稳定性也会影响润滑周期。一些高质量的润滑剂可以提供更长久的润滑效果，从而延长润滑周期，而低质量或易受污染的润滑剂可能需要更频繁的更换。

3.润滑方法

润滑剂的施加方式对于润滑效果的实现非常重要。正确的润滑方法可以确保润滑剂充分润滑到设备部件的表面，从而减少摩擦、磨损和能量损失。以下是一些常见的润滑方法：

（1）滴注法

滴注法是将润滑剂以滴的方式添加到设备的润滑点上。这种方法适用于小型设备或需要精确控制润滑剂量的场景。通过滴注，可以确保润滑剂均匀地分布在润滑点上，达到良好的润滑效果。

（2）喷射法

喷射法是使用喷嘴或喷雾装置将润滑剂高速喷射到设备部件的表面。这种方法适用于大型设备或需要快速润滑的场景。通过喷射，润滑剂可以迅速覆盖设备的多个部件，提供全面的润滑。

（3）浸润法

浸润法是将设备部件完全浸入润滑剂中，使其表面充分吸附润滑剂。这种方法适用于需要长时间润滑或设备部件难以直接润滑的场景。通过浸润，设备部件可以在整个工作过程中得到持续的润滑。

除了以上常见的润滑方法，还有其他一些特殊的润滑方式，如涂抹法、滚动法等，根据具体情况进行选择。

无论采用何种润滑方法，都需要注意要确保润滑剂的质量和稳定性，使用合适的润滑剂类型和规格；根据设备的要求和制造商的建议，确定润滑剂的施加位置和润滑周期；在施加润滑剂之前，清洁设备表面，确保没有污垢或杂质影响润滑效果；控制润滑剂的用量，避免润滑过度或润滑不足等。

二、故障诊断与修复

即使做好了定期检查与保养，智能电气设备仍然有可能出现故障。因此，建立快速准确的故障诊断与修复机制是非常重要的。以下是一些常见的故障诊断与修复策略：

（一）实时监测

设备的正常运行对于生产和工作流程的顺利进行至关重要。为了确保设备在运行过程中不会出现故障，可以采用实时监测的方法。这种方法通过利用传感器和数据采集系统对设备进行实时监测，能够及时发现设备异常情况，并采取相应的措施进行修复。

实时监测的关键是使用传感器和数据采集系统来收集设备的各种参数和指标。这些传感器可以安装在设备的关键部位，例如温度、压力、振动等方面。数据采集系统将收集到的数据进行存储和分析，以便进行后续的故障诊断和修复工作。

通过对设备数据的分析，我们可以判断设备是否存在故障，并快速定位故障点。例如，如果传感器检测到设备温度异常升高，可能意味着设备发生了过热故障；如果传感器检测到设备振动超过了正常范围，可能意味着设备出现了机械故障。这些异常情况都可以通过实时监测来及时发现，从而避免设备故障对生产造成严重影响。

一旦发现设备存在故障，我们可以根据实时监测数据来定位故障点。通过分析传感器数据的变化趋势和异常情况，可以判断出导致故障的具体部位或原因。这样就能够有针对性地进行修复工作，减少维修时间和成本。

（二）预防性维护

为了确保设备的长期稳定运行和延长设备的使用寿命，预防性维护是一种重要的策略。在设备正常运行期间，根据设备的使用寿命和工作状态，制定合理的预防性维护计划，以提前发现和解决潜在的故障问题。

预防性维护的核心目标是通过定期检查、更换易损件、清洗过滤器等操作来维持设备的良好状态。这些操作可以帮助我们避免一些常见的故障，并及时处理一些可能导致设备损坏或停机的问题。

在制订预防性维护计划时，我们需要考虑设备的使用寿命和工作状态。不同类型的设备在使用寿命方面存在差异，因此需要根据设备的特点和厂家建议，合理安排维护周期。例如，一些设备可能需要每个月进行一次维护，而其他设备可能需要每季度或每年进行一次维护。

在进行预防性维护时，我们需要关注设备的易损件和关键部件。这些易损件通常具有较短的寿命，需要定期更换，以避免其损坏导致设备故障。对于一些关键部件，我们还可以进行定期的润滑、清洗和校准等操作，以确保其正常运行。

过滤器在预防性维护中也起着重要作用。设备在运行过程中会吸入大量的空气或液体，其中可能含有杂质和污染物。如果不及时清洁或更换过滤器，这些杂质和污染物就会堆积在设备内部，影响设备的正常运行。因此，定期清洗或更换过滤器是预防性维护中必不可少的一环。

通过实施预防性维护计划，我们可以有效地降低设备故障的发生率，提高设备的可靠性和稳定性。预防性维护可以帮助我们在设备出现故障之前就采取相应措施，避免设备停机造成的生产中断和损失。预防性维护还可以延长设备的使用寿命，减少设备更换和维修的频率，从而节约成本。

第九章 智能电气设备的安全保障

第一节 安全标准与规范

由于智能电气设备具有较高的复杂性和技术含量，安全问题成为了智能电气设备发展中需要重视的一个方面。

一、国际安全标准与规范

（一）IEC 标准

国际电工委员会（International Electrotechnical Commission，简称 IEC）是全球电气和电子技术领域的标准化组织，致力于制定各种电气设备的安全标准。

IEC 发布的 62368-1 标准（《音视频、信息和通信技术设备第一部分：安全要求》）是一项广泛应用的标准，适用于各种智能电气设备，包括音频、视频和信息技术设备。该标准规定了设备的结构、绝缘、接地、电源和电磁兼容等方面的安全要求。

在设备结构方面，62368-1 标准要求设备必须具有足够的机械强度和稳定性，以防止意外触摸或碰撞造成伤害。同时，设备的外壳材料应具有防火性能，以降低火灾风险。

在绝缘方面，该标准要求设备必须具备良好的绝缘保护，以确保用户在正常使用时不会触及危险电压。绝缘材料应符合特定的要求，以确保其绝缘性能和耐久性。

在接地方面，该标准强调设备必须正确接地，以确保电气安全和抗干扰能力。适当的接地可以减少电击风险，并提高设备的可靠性和稳定性。

在电源方面，该标准规定了设备的电源输入和输出应符合特定的电压、电流和功率范围。还对电源线路的保护、过载和短路保护等进行了详细的规定，以确保设备的电气安全性。

在电磁兼容方面，该标准要求设备应具备良好的抗干扰和抗辐射能力，以防止电磁干扰对其他设备或用户造成影响。设备应进行相应的电磁兼容性测试，确保其在真实使用环境中不会引起干扰问题。

（二）ISO 标准

国际标准化组织（International Organization for Standardization，简称 ISO）发布了一系列与智能电气设备安全相关的标准，尽管这些标准不是专门针对智能电气设备，但它们为企业提供了管理方面的支持，从而提高了产品的安全性。

ISO 9001《质量管理体系标准》是全球通用的质量管理体系标准，该标准适用于各个行业和组织，包括生产智能电气设备的企业。通过实施此标准，企业可以建立和维护一套科学、系统的质量管理体系，从而确保产品在设计、生产和服务过程中的质量和安全性。

ISO 14001《环境管理体系标准》是全球通用的环境管理系统标准，该标准鼓励企业在设计、生产和运营过程中考虑环境因素，并采取相应的措施保护环境。对于智能电气设备制造商而言，实施该标准意味着他们需要关注能源效率、废物管理、环境影响评估等方面，以减少对环境的负面影响。

ISO 还发布了其他与产品安全相关的标准，如 ISO 12100《机械安全—设计通用—风险评估与风险减小》和 ISO 31000《风险管理标准》，这些标准强调了对智能电气设备设计、生产和使用过程中潜在风险的识别、评估和管理。

通过遵循 ISO 标准，企业可以确保其质量管理体系和环境管理体系符合国际最佳实践，从而提高产品的安全性和可靠性。ISO 标准的应用也有助于企业提高其竞争力，并增加与国际市场的互操作性。

需要注意的是，ISO 标准并非强制性的法律要求，但它们被广泛认可并得到了全球范围内的采纳。因此，企业在生产智能电气设备时，应积极关注 ISO 标准的更新和修订，并将其纳入自己的质量管理和环境管理体系中，以提高产品的安全性和市场竞争力。

二、国内安全标准与规范

（一）GB 标准

国家标准化管理委员会发布了一系列与智能电气设备安全相关的标准，这些标准被称为 GB 标准。

其中，GB 17625.1 是一项常用的标准，主要关注智能电气设备在电磁兼容性方面的要求。该标准规定了设备应具备良好的抗干扰和抗辐射能力，以确保设备不会对其他设备或用户造成电磁干扰。标准涵盖了电磁兼容性测试方法、限值要求以及设备应满足的电磁环境条件等内容，为智能电气设备的设计和生产提供了指导。

另一个常用的标准是 GB 4943《信息技术设备安全》，该标准专注于智能电气设备的安全性要求。它包含了设备的结构安全、电气安全、机械安全和防火性能等方面的要求。通过遵循这些要求，可以确保智能电气设备在正常使用过程中不会对用户和环境造成安全风险。

除了这些常用的标准外，还有其他与智能电气设备相关的标准，如 GB 9254-2008《信息技术设备的无线电骚扰限值和测量方法》。这些标准涵盖了设备的无线通信方面的要求，确保设备在无线环境中的正常运行。

遵循 GB 标准对于智能电气设备制造商和使用者来说都是重要的。制造商应当在设计和生产过程中参考这些标准，并确保其产品符合标准中规定的安全要求。使用者则可以根据这些标准进行选择和购买智能电气设备，以确保其设备的质量和安全性。

（二）行业标准

除了国家标准外，行业组织也制定了一些针对特定领域的智能电气设备安全标准，这些标准为行业提供了更具体和细化的指导。

例如，《工业物联网设备安全技术指南》，以规范工业物联网设备的安全要求。该指南强调工业物联网设备在工业环境中的特殊安全需求，包括设备的防爆性能、电磁兼容性、通信安全等。通过遵循该指南，可以确保工业物联网设备在复杂的工业环境中具备足够的安全性和稳定性。

这些行业标准的制定是基于特定领域的需求和实践经验，有较高的针对性和适用性。它们为智能电气设备在特定行业和领域中的应用提供了更具体的安全规范和指导，能够帮助企业和用户在实际应用中更好地管理和使用智能电气设备。

第二节　智能电气设备的安全设计与防护措施

智能电气设备在现代社会中得到了广泛的应用，它们为人们的生活带来了许多便利和效益。然而，由于其涉及电力系统和大量的电气元件，安全设计与防护措施显得尤为重要。

一、安全设计原则

（一）可靠性

可靠性是智能电气设备设计中重要的一个方面，它确保了设备的正常运行和长期稳定。在设计过程中，应全面考虑各种可能的故障情况，并采取相应的措施进行预防或容错处理，以提高设备的可靠性。

为了提高设备的可靠性，设计人员需要进行充分的需求分析和系统建模。通过对用户需求和功能要求的深入理解，可以更好地规划和设计智能电气设备的各个部分。同时，使用现代化的系统建模工具，如物理仿真软件或系统建模语言，可以帮助设计人员对设备进行全面的模拟和分析，从而发现潜在的故障点并进行改进。

设计人员应采用合适的元件和材料，确保其质量和可靠性，选择经过验证和认证的供应商提供的元件和材料，可以降低故障风险。还应遵循相关标准和规范，确保所选元件和材料符合要求，并有足够的寿命和可靠性。

容错设计也是提高设备可靠性的重要手段之一。通过使用冗余设计、备用电源等容错技术，可以在主要部件或系统发生故障时，保持设备的正常运行。例如，可以采用双通道设计，当一个通道出现故障时，自动切换到备用通道，确保设备的连续运行。

（二）绝缘保护

绝缘保护是智能电气设备设计中重要的一项安全措施，它旨在防止电流通过非预期路径流动，减少触摸电击和漏电的风险。在设计智能电气设备时，需要合理设置绝缘层，并确保其符合相关的标准和规范，同时注重绝缘层的耐压能力和耐久性。

对于智能电气设备的外壳或外部结构，应采用绝缘材料进行包覆或覆盖，以实现有效的外部绝缘保护。常见的绝缘材料包括绝缘塑料、橡胶等，这些材料具有良好的绝缘性能和机械强度，能够有效地隔离电气元件和外界环境。

对于设备内部的电气元件和导线，应采取适当的绝缘措施，如使用绝缘套管、绝缘套管帽、绝缘胶带等。这些绝缘材料能够将电气元件和导线包裹起来，避免电流直接接触到外界环境，从而达到绝缘保护的效果。

绝缘层的耐压能力也是需要考虑的重要因素。智能电气设备在运行过程中可能会面临不同的电压等级，因此绝缘层需要具备足够的耐压能力，确保不会发生击穿现象，从而保证设备的安全性。设计人员应根据实际需求选择合适的绝缘材料和绝缘厚度，并进行相关的电气测试和验证。

绝缘层的耐久性也是需要关注的重要方面。智能电气设备通常需要长时间稳定运行，因此绝缘层需要具备良好的耐久性，能够抵抗各种环境因素和工作条件的影响。设计人员应选择经过验证的高质量绝缘材料，并进行必要的寿命测试和可靠性评估，以确保绝缘层的耐久性满足要求。

（三）电气安全标准

电气安全标准规定了电气设备的安全要求、测试方法和性能指标，以确保设备在正常使用过程中不会对用户和环境造成危害。其中，IEC 60335 系列标准是全球范围内广泛采用的电气安全标准之一。

设计人员应深入了解和熟悉适用的电气安全标准，并将其作为设计的基础和指导。这些标准包括但不限于产品安全、绝缘、电击保护、机械结构、材料选择等方面的要求。通过遵循这些标准，可以确保智能电气设备在设计和生产过程中符合国际通用的安全标准。

设计人员需要根据电气安全标准的要求，进行相应的风险评估和安全分析。

通过识别潜在的危险和风险源，制定相应的控制措施和安全设计策略。例如，在产品设计中，应考虑到电击、火灾、漏电等风险，并采取相应的防护措施，如使用绝缘材料、设置漏电保护装置等。

同时，设计人员还应根据标准的要求进行必要的测试和验证。通过对智能电气设备的关键性能指标进行测试，如绝缘强度、接地电阻、电气安全间隙等，可以确保设备符合标准的要求。还应对设备的耐久性、可靠性和环境适应性等进行测试，以验证设备在各种工作条件下的安全性能。

电气安全标准也规定了产品标识、警示标志和使用说明的要求。设计人员应确保产品标识清晰可见，包括型号、额定参数、生产厂商等信息，并按照标准要求提供明确的使用说明书，以帮助用户正确使用设备并避免潜在的危险。

（四）人机工程学

人机工程学是智能电气设备设计中至关重要的一环，它关注用户与设备之间的交互和界面设计，旨在提高设备的安全性能和易用性。合理的人机交互设计可以减少误操作的可能性，降低事故风险，提升用户的满意度和工作效率。

设计人员应对目标用户进行深入的用户研究和需求分析。了解用户的使用习惯、技术水平和认知特点，以及他们在使用设备时可能面临的挑战和困难。通过这些研究，设计人员可以更好地理解用户的需求，并根据其特点调整设备的界面设计。

设计人员应采用直观、简洁的界面设计原则，使用户能够轻松理解和操作设备。例如，采用清晰明确的图标、符号和文字，以传达功能和状态信息。同时，界面布局应符合用户的使用习惯和心理模型，将常用功能和操作放置在易于访问和识别的位置，避免用户产生困惑和误操作。

反馈机制也是人机交互设计中的重要考虑因素。通过及时和准确的反馈，向用户提供操作结果和设备状态的信息。例如，采用声音、光线或震动等方式，向用户传达成功操作、错误操作或设备故障等信息。这有助于用户实时了解设备的工作状态，并及时采取相应的措施。

同时，安全性方面的设计也需要考虑人机工程学原则。例如，在界面设计中应加强对重要功能和操作的确认和验证，以防止误操作导致的安全风险。还应提供必要的警示和提示，引导用户正确地操作设备并注意安全事项。

最后，测试和评估是确保人机工程学设计有效的关键步骤。通过用户测试、模拟操作和评估方法，可以检验和改进界面设计的可用性和安全性。反馈用户的意见和建议，并将其纳入设计的持续改进过程中。

二、常见防护措施

（一）电气隔离

电气隔离是智能电气设备设计中重要的安全防护措施之一。通过合理的电路设计和绝缘屏障的设置，可以将电气元件与外部环境隔离开来，从而减少电击和触摸伤害的风险。

在电路设计阶段，设计人员需要采用合适的隔离技术和构造。常见的隔离技术包括空气隔离、绝缘隔离和光耦隔离等。这些技术通过使用隔离元件，如继电器、光耦合器等，实现了电路之间或设备内外的电气隔离，有效地防止了电流在非预期路径上的流动。

设计人员还应遵循相关的电气安全标准和规范。这些标准规定了电气设备的安全要求和测试方法，包括对电气隔离的要求。例如，IEC 60950-1 标准针对信息技术设备的安全性提出了明确的隔离要求，设计人员应参考这些标准并确保设备符合要求。

维护和检测也是保证电气隔离效果的重要环节。定期检查设备的绝缘层和隔离元件，确保其完好无损，并及时修复或更换受损的部分。还需要进行必要的绝缘测试，以验证设备的绝缘性能是否达到要求。

（二）漏电保护

漏电保护装置的主要功能是监测电流泄露情况，并在发生漏电时快速切断电源，以保护人身安全。它是一种非常重要的电气设备，广泛应用于住宅、商业建筑和工业场所。

传统的漏电保护装置采用了不同的原理和技术来实现其功能。其中最常见的是差动式漏电保护器，它通过比较进入和离开电路的电流来检测是否存在漏电。当电路中的电流不平衡超过设定值时，漏电保护器会迅速切断电源，从而避免漏电对人身安全造成威胁。

漏电保护装置有许多优点，它可以及时检测到电流泄漏，避免潜在的危险；能够快速切断电源，减少漏电造成的伤害；还具有可靠性高、响应速度快、安装方便等特点。

在日常生活中，我们应该注意以下几点来正确使用漏电保护装置：定期检查漏电保护装置的工作状态，确保其正常运行；避免长时间使用老化或损坏的电器设备，以减少漏电的可能性；如果发现漏电保护器频繁跳闸，应及时找专业人士进行检修。

（三）雷击保护

针对智能电气设备在雷电天气下易受雷击影响的特点，为了防止雷击对设备和人员造成损害，我们应该设置适当的避雷装置和接地装置。

避雷装置是一种用来吸收和分散雷电能量的装置。常见的避雷装置包括避雷针、避雷网和避雷线等。这些装置可以迅速引导雷电流入地下，减少其对设备的冲击和破坏。在安装避雷装置时，应考虑设备的位置和周围环境，以确保其有效地吸引和释放雷电能量。

接地装置是将设备与地面连接起来的装置，主要用于导电和排除设备中的静电和漏电。通过良好的接地系统，可以将雷电流直接引导到地下，保护设备和人员的安全。接地装置应具备良好的导电性能和可靠的连接，以确保其有效地分散雷电能量。

在设置雷击保护装置时，需要注意根据设备的特点和工作环境，选择合适的避雷装置和接地装置，不同类型的设备可能需要不同的保护措施，因此应根据实际情况进行选择。另外，要定期检查和维护避雷装置和接地装置，确保其正常工作；定期检测接地电阻，以确保接地系统的导电性能良好。

除了设置避雷装置和接地装置外，我们还可以采取其他措施来增强雷击保护。例如，在雷电天气下，及时断开设备的电源，并将设备与电源分离，避免雷电通过电源线进入设备；也可以使用专门的防雷设备，如防雷插座和防雷保护器等，进一步提高设备的防雷能力。

（四）故障诊断

智能电气设备应当具备故障自检和自诊断功能，以便及时发现和报告设备内部故障，并采取相应的措施进行修复或停机保护。

故障自检是指智能电气设备通过内部传感器、监测仪表等手段，对设备的各项参数和运行状态进行实时监测和检测。通过对关键指标的比对和分析，可以判断设备是否存在异常情况或潜在故障。例如，电压、电流、温度等参数的异常变化可能表明设备出现了故障。

故障自诊断则是指智能电气设备通过内部算法和逻辑，对检测到的异常情况进行进一步分析和判断，确定故障类型和位置。设备可以根据预设的故障诊断规则和数据库中的故障信息，推断出故障原因，并生成相应的故障报告。

一旦故障被诊断出来，智能电气设备应采取相应的措施进行修复或停机保护。如果故障属于可以自动修复的小问题，设备可以自动执行修复操作，如重启设备、重新配置参数等。对于较大的故障或无法自动修复的故障，设备应停机保护，并发送警报通知相关人员进行处理。

故障诊断在智能电气设备中可以提高设备的可靠性和稳定性，减少故障带来的生产损失和安全风险。故障自检和自诊断还可以提供数据支持和决策依据，帮助维修人员更快速、精准地进行故障排查和修复。

第三节　安全意识与培训

在智能电气设备的应用中，安全是一项至关重要的考虑因素。由于智能电气设备涉及电力传输和控制系统，如果不注意安全问题，可能会导致严重的事故和损失。因此，人们需要提高安全意识，并进行相关的培训，确保智能电气设备的安全性。

一、安全意识的重要性

安全意识是指人们对于安全问题的认知和理解程度，以及对于可能出现的危险和风险的警觉性。在使用智能电气设备时，人们需要具备一定的安全意识，能够识别潜在的危险，并采取相应的防护措施。

提高安全意识的重要性主要体现在以下几个方面：

（一）预防事故发生

预防事故是智能电气设备安全保障的关键。通过提高人们的安全意识，使他们更好地了解智能电气设备的使用方法和注意事项，可以有效地避免因为操作不当而引发事故。

提高安全意识可以让人们更加熟悉智能电气设备的特点和工作原理。智能电气设备通常具有复杂的控制系统和功能，如果不了解其工作原理和特点，就很容易在操作中出现错误。通过培训和宣传活动，可以向用户介绍设备的基本原理和使用方法，使他们对设备有更深入的了解，从而减少因为操作不当而导致的事故。

提高安全意识可以帮助人们正确识别潜在的危险因素。智能电气设备涉及电流、高温等危险因素，如果没有足够的安全意识，人们可能无法及时察觉潜在的危险。通过安全培训，可以向用户介绍常见的危险因素和安全警示标志，使他们能够识别潜在的危险，并采取相应的防护措施，从而避免事故的发生。

提高安全意识可以帮助人们养成良好的操作习惯。智能电气设备通常需要按照一定的操作流程和步骤进行使用，如果没有足够的安全意识，人们可能会随意操作或者忽略一些重要的细节。通过安全培训，可以向用户传达正确的操作习惯和注意事项，使他们在使用设备时能够按照规范进行操作，减少因为操作不当而引发的事故。

最后，提高安全意识还可以促使人们及时进行设备的维护和检修。智能电气设备在长时间的使用过程中，可能会出现一些潜在的故障或者损坏，如果没有足够的安全意识，人们可能会忽略这些问题，导致设备进一步损坏或者引发事故。通过安全培训，可以向用户介绍设备的日常维护方法和周期性检修的重要性，使他们能够及时发现并处理设备的故障，保证设备的正常运行。

（二）保护人身安全

智能电气设备涉及电流、高温等危险因素，如果没有足够的安全意识，人们可能会忽视潜在的危险并造成人身伤害。因此，通过提高安全意识，可以帮助人们更好地保护自己的人身安全。

提高安全意识可以帮助人们正确使用个人防护装备。在使用智能电气设备时，人们应该佩戴适当的个人防护装备，如绝缘手套、防护眼镜等，以保护自己免受电流和高温的伤害。通过安全培训，可以向用户介绍不同类型的个人防护装备的使用方法和注意事项，使他们能够正确选择和使用个人防护装备，有效地保护自己的人身安全。

提高安全意识可以帮助人们遵循安全操作规程。智能电气设备通常有特定的操作规程和注意事项，如果没有足够的安全意识，人们可能会违反这些规程导致事故发生。通过安全培训，可以向用户传达正确的操作方法和注意事项，使他们了解设备的工作原理、控制方式和使用限制，从而能够按照规程进行操作，降低发生事故的风险。

提高安全意识可以帮助人们避免不必要的近距离接触危险区域。在智能电气设备的使用过程中，有些区域可能存在高压电源、高温元件等危险因素，如果没有足够的安全意识，人们可能会无意识地靠近这些危险区域，增加受伤的风险。通过安全培训，可以向用户介绍危险区域的标识和警示，以及保持安全距离的重要性，使他们能够远离危险区域，有效地保护自己的人身安全。

提高安全意识还可以帮助人们对紧急情况做出正确的反应。在使用智能电气设备的过程中，可能会出现突发的紧急情况，如电气火灾、短路等。如果没有足够的安全意识，人们可能会慌乱或采取错误的处理方式，导致进一步的伤害。通过安全培训，可以向用户介绍常见的紧急情况和应对方法，使他们能够在发生紧急情况时保持冷静，并迅速采取正确的应对措施，最大程度地减少人身伤害。

二、安全培训的内容

为了提高人们的安全意识和应对能力，针对智能电气设备的安全培训应包括以下内容：

（一）设备操作指南

设备操作指南是智能电气设备安全培训中的重要内容，旨在详细介绍设备的使用方法、注意事项和操作步骤，以确保人们正确地使用设备，并避免因操作不当而引发事故。

设备操作指南应包含设备的基本信息和功能介绍。通过清晰地介绍设备的型号、规格和主要功能，使用户对设备有一个整体的了解，知道如何正确选择和使用设备。

设备操作指南应详细描述设备的安装过程。包括设备的安装位置、固定方式、接线方法等。这些信息对于设备的稳定运行和安全使用至关重要。

设备操作指南应具体说明设备的开机和关闭步骤。涉及智能电气设备的电源接入和断开，需要按照正确的步骤进行操作，以避免因错误操作而引发电气事故。

设备操作指南还应提供常见故障的排除方法和维护保养的注意事项。智能电气设备在使用过程中可能会出现一些常见的故障，用户需要了解如何识别和解决这些故障。同时，定期的设备维护保养也是确保设备正常运行的重要环节，用户需要清楚维护保养的周期和方法。

（二）安全警示标志

安全警示标志在智能电气设备的安全培训中可以帮助人们识别潜在的危险，并提醒他们采取相应的防护措施。以下是常见的安全警示标志及其含义：

1.禁止入内标志

这个标志通常是一个红色的圆圈，中间有一道斜线，表示禁止进入某个区域。这种标志通常用于标识危险区域或需要特殊许可才能进入的区域，提醒人们不得擅自进入以避免危险。

2.警告标志

这个标志通常是一个黄色的三角形，中间有一个黑色的图案和文字，用于表示潜在的危险。例如，高压电源、高温区域、易燃物品等。这些标志提醒人们在接近这些区域时要格外小心，并采取相应的防护措施。

3.指示标志

这个标志通常是一个蓝色的正方形或圆形，中间有白色的图案和文字，用于指示特定的操作或行为。例如，开关、按钮、紧急停止等。这些标志帮助人们正确操作设备，并提醒他们在遇到紧急情况时应采取何种措施。

4.紧急出口标志

这个标志通常是一个绿色的人形图案，指示了紧急情况下的安全出口。这些标志通常配有明亮的指示灯，以便在紧急情况下能够清晰地看到，并迅速找到安全出口。

5.安全信息标志

这个标志通常是一个矩形或长方形，上面有白色的图案和文字，用于提供一些安全信息和警示。例如，注意高温、佩戴个人防护装备、禁止吸烟等。这些标志向人们传达一些重要的安全信息，帮助他们遵循相关规定以确保安全。

通过安全培训，人们可以学习并了解这些常见的安全警示标志及其含义。了解这些标志可以帮助人们识别潜在的危险，并采取相应的防护措施。同时，人们还应该知道这些标志的摆放位置，以便在需要时能够快速发现并做出正确的反应。

（三）应急处理演练

应急处理演练是通过模拟各种紧急情况，旨在培养人们的应急反应能力和处理技巧，使其能够在危险情况下迅速做出正确的决策和行动。

应急处理演练的目的是让人们熟悉应急预案、掌握紧急处理的步骤，并在实践中增强应对紧急情况的能力。以下是进行应急处理演练时需要考虑的几个关键点：

1.设定场景

根据实际情况和设备特点，设计并设定不同的紧急情况场景，如火灾、电击等。确保场景真实可信，并具有一定的难度，以提高参与者的应急处理能力。

2.制定应急预案

针对每种紧急情况，制定相应的应急预案，明确应急处理的步骤、责任分工和沟通方式。确保预案清晰明确，并与参与者共享，使他们能够理解和熟悉预案内容。

3.模拟演练

根据设定的紧急情况场景，组织参与者进行模拟演练。在演练过程中，要求参与者按照预案的步骤和要求，迅速做出正确的决策和行动。可以利用虚拟现实、仿真设备或实地模拟等方式进行演练，以增加真实感和紧迫感。

4.观察和评估

在演练过程中，观察参与者的应急处理能力和反应情况，并及时给予指导和反馈。根据演练结果，评估参与者在紧急情况下的表现，并针对性地提出改进意见和建议。

5.总结和分享经验

演练结束后，组织参与者进行总结和讨论，分享经验和教训。通过总结，可以发现不足之处并加以改进，同时也可以分享成功经验和良好实践。

通过应急处理演练，人们可以在模拟的环境中接触到真实的紧急情况，培养应对危险的能力和技巧。这样的演练可以帮助参与者熟悉应急预案，掌握正确的处理步骤，提高应急反应速度和决策能力。通过不断的演练和总结，还可以逐步完善应急预案，并改进安全管理措施，以提高智能电气设备的安全性。

三、安全培训的方式

为了有效地提高人们的安全意识和培养人们的应对能力，可以采取以下方式进行安全培训：

（一）线上培训

随着互联网技术的发展，线上培训成为了一种便捷高效的安全培训方式。通过利用互联网平台，人们可以随时随地获取在线学习资源和参与培训课程，从而提高自身的安全意识和应对能力。

线上培训的优势在于灵活性和方便性。线上培训不受时间和地点的限制，学员可以根据自己的时间安排进行学习,无需受到固定课程时间和地点的限制。这使得那些工作繁忙或地理位置较远的人们也能够参与到安全培训中来，提高自身的安全意识和知识水平。线上培训还能够提供丰富多样的学习资源，包括视频教程、电子书籍、案例分析等，使学员能够根据自己的兴趣和需求选择适合自己的学习内容，提高学习的针对性和效果。

线上培训还具有互动性和实时性。通过在线学习平台，学员可以与讲师和其他学员进行实时的互动和交流，提问问题、分享经验和讨论安全话题。这种互动性不仅能够促进学员之间的学习和合作，还能够使学员在培训过程中得到及时的反馈和指导，加深对安全知识的理解和应用。

为了保证线上培训的质量和效果，需要采取一些措施。培训机构或平台应该提供优质的教学资源和内容，确保培训的专业性和权威性；培训平台应该具备良好的技术支持和服务体系，确保学员能够顺利进行在线学习和参与互动；培训机构还可以结合线下实践和案例分析，提供更加全面和深入的培训体验，帮助学员将理论知识应用于实际工作中。

（二）现场培训

现场培训是一种在实际的工作环境中进行的培训方式，通过模拟操作和演练，让人们亲身体验和学习相关的安全知识和技能。现场培训可以有效地提高员工对安全问题的认识和应对能力，使其具备更强的安全意识和行为规范。

现场培训的优势在于真实性和实践性。通过在实际工作场景中进行培训，员工可以直接面对各种安全风险和挑战，感受到现场的紧张氛围和压力，从而更加深刻地理解和记忆相关知识。例如，在火灾应急演练中，员工可以亲自参与逃生演练和使用灭火器的实操，提高他们在火灾发生时的应对能力。这种实践性的培训方式能够帮助员工更好地掌握安全技能，增强应对突发事件的能力。

现场培训还具有互动性和团队合作性。在现场培训中，员工通常需要分组进行任务执行，需要相互协作和合作。这种互动性和团队合作能够促进员工之间的交流和合作，加强团队凝聚力，提高应对安全风险的整体效能。例如，在化学品泄漏的现场培训中，员工需要共同制定应急预案、分工合作进行清理和处置，以保证安全和顺利完成任务。

为了确保现场培训的效果和安全，需要采取一些措施。培训组织者应根据实际情况制定详细的培训计划和安全操作规程，确保培训过程中的安全性和可控性；培训人员应具备专业的知识和技能，并有丰富的现场管理和指导经验，能够及时解答员工的问题并提供指导；培训组织者还应配备必要的安全设备和紧急救援措施，以应对可能发生的意外情况。

（三）培训讲座

培训讲座是邀请专业的安全专家或相关领域的从业人员进行讲解和分享，

向人们传递安全知识和经验，引导他们正确地处理安全问题。通过培训讲座，人们可以获取专业的信息和见解，提升自身的安全意识和应对能力。

培训讲座的优势在于专业性和权威性。专业的安全专家或从业人员具备深入的安全知识和丰富的实践经验，能够系统地讲解相关的安全理论和技巧，为人们提供权威的指导和建议。他们可以分享真实的案例和教训，帮助人们更好地理解和认识安全风险，并提供有效的应对策略。这种专业性和权威性能够增强人们对讲座内容的信任度，使其更加积极主动地参与学习和实践。

培训讲座还具有互动性和启发性。在讲座中，人们可以与专家进行互动和交流，提出问题、分享观点和经验，从而促进思想碰撞和共同学习。通过与专家的互动，人们能够深入了解相关安全知识，并通过讨论和思考来拓展自己的视野和思维方式。这种互动性和启发性能够激发人们的学习兴趣和动力，提高他们对安全问题的关注度和重视度。

为了保证培训讲座的效果和质量，需要注意选择合适的专家和主题，确保他们在相关领域具备丰富的经验和权威性；组织者应提前做好宣传工作，吸引更多的人参与讲座，同时提供相应的学习材料和参考资料，方便学员后续学习和实践；培训讲座可以结合案例分析和互动游戏等形式，增加学员的参与度和学习效果，使讲座更加生动有趣。

（四）安全考核与证书

安全考核与证书是一种评估人们安全知识和技能水平的方式，通过考核结果来认可和激励个体的学习成果。这种方式能够激发人们主动学习和提高的意愿，促进他们在安全领域的专业发展。

安全考核的优势在于客观性和标准化。通过设计合理的考试内容和评分标准，可以客观地评估人们的安全知识和技能水平。考核可以包括理论知识测试、实际操作演示、案例分析等形式，涵盖不同层次和方面的安全要求。这种客观性和标准化能够确保考核结果的公正性和准确性，并为个体的学习成果提供权威的认可和评价。

安全证书具有激励和推动作用。通过颁发安全证书，可以认可和肯定个体在安全培训中所取得的成绩和努力。这种肯定和认可能够激发个体的学习兴趣和动力，鼓励他们继续深入学习和提高自身的安全能力。安全证书还可以作为个体在职业发展中的资历和竞争力的象征，为他们提供更多的机会和发展空间。

为了确保安全考核与证书的有效性和公信力，考核内容应具备针对性和实用性，能够真实地反映人们在安全领域的知识和技能水平。考核应有明确的评分标准和程序，其结果能够准确、客观地反映个体的实际水平。颁发证书的机构应具备权威性和专业性，确保证书的认可度和价值。

四、安全培训的周期性

安全培训不是一次性的活动，而是一个周期性的过程。随着智能电气设备的更新和发展，安全问题也会不断变化和演变。因此，安全培训应该具有一定的周期性，及时更新和补充相关的安全知识和技能。

周期性的安全培训可以通过以下方式实现：

（一）定期培训计划

定期培训计划是指制定每年或每季度的培训计划，明确培训的内容、时间和方式，以确保安全培训的连续性和有效性。

定期培训计划的优势在于规范性和可控性。通过制定明确的培训计划，可以规范和统一安全培训的内容和进程，确保培训的连续性和系统性。定期计划还能够提前安排培训时间和资源，使参与者能够合理安排工作和学习时间，避免冲突和耽误。这种规范性和可控性能够提高培训的效果和质量，确保培训目标的达成。

在制订定期培训计划时，需要明确培训的内容和目标，根据组织的实际需求和人员的职责要求，确定培训的重点和主题，并将其纳入培训计划中；合理安排培训的时间和周期，根据人员的工作安排和学习需求，确定培训的时间段和频率，保证培训的连贯性和可持续性；选择适当的培训方式和工具，可以结合线上培训、现场演练、讲座等多种方式，根据不同的培训内容和学员的需求进行选择和组合。

定期培训计划还需要关注培训效果的评估和反馈。在培训结束后，可以通过问卷调查、考核成绩等方式对培训效果进行评估，了解培训的实际效果和改进的空间。根据评估结果，及时调整和优化培训计划，提高培训的针对性和有效性。

（二）及时更新培训材料

及时更新培训材料是一种根据最新的安全要求和标准，对培训内容进行更新和调整的方式，以确保培训的准确性和有效性。

及时更新培训材料的优势在于适应性和专业性。随着安全领域的不断发展和变化，安全要求和标准也在不断更新和演进。通过及时更新培训材料，可以使培训内容与最新的安全要求保持一致，并提供最新的知识和技能。这种适应性和专业性能够使学员获得权威和实用的信息，提高他们在实际工作中处理安全问题的能力。

在进行及时更新培训材料时，需要建立信息收集和更新机制。及时关注最新的安全法规、行业标准和案例研究等信息来源，了解安全领域的新动态和要求。根据信息的更新情况，及时对培训材料进行修订和更新。可以更新理论知识、案例分析、操作指南等方面的内容，确保培训材料的准确性和全面性。保持与专业机构和专家的合作和交流，获取他们的意见和建议，以提高培训材料的专业性和实用性。

及时更新培训材料还需要考虑学员的反馈和需求。通过定期收集学员的意见和建议，了解他们对培训内容的评价和需求，以便根据实际情况进行相应的调整和改进。同时，注重培训材料的多样性和灵活性，根据学员的不同背景和学习需求，提供多种形式和途径的学习资源，使培训更加贴近学员的实际需求。

第四节　灾害应急响应与恢复技术

一、灾害应急响应与恢复技术的意义

灾害是智能电气设备面临的最大威胁之一。自然灾害如地震、洪水等，以及人为灾害如火灾、恶意攻击等，都可能导致智能电气设备的故障或破坏。因此，建立有效的灾害应急响应与恢复技术是确保智能电气设备安全的关键。

灾害应急响应与恢复技术的意义主要体现在以下几个方面：

（一）提供及时响应和故障诊断能力

在灾害发生后，灾害应急响应与恢复技术能够提供及时响应和故障诊断的能力，以帮助人们迅速了解设备状况并采取相应的措施，从而减少损失并恢复正常运行。

一方面，灾害应急响应与恢复技术可以实现实时监测功能。通过安装传感器和监测系统，可以对电气设备进行实时监测，获取设备的运行状态、温度、电流等关键指标。这些数据可以通过云平台进行收集和分析，实现对设备状态的及时监控。当设备出现异常或故障时，系统可以自动发送警报通知相关人员，以便他们能够立即做出反应。

另一方面，灾害应急响应与恢复技术还可以提供故障诊断功能。通过数据分析和智能算法，系统可以对设备进行故障诊断，并给出准确的故障原因和位置。这样，人们可以迅速了解设备故障的具体情况，避免浪费时间和资源在无关的故障排查上。同时，系统还可以提供相应的修复建议和操作指导，以帮助人们快速采取正确的措施进行维修或更换设备。

通过灾害应急响应与恢复技术的支持，人们能够在灾害发生后迅速获得电气设备的实时状态信息，并对故障情况进行准确诊断。这使得人们能够及时采取措施，避免进一步损失，并尽快恢复设备的正常运行。因此，具备及时响应和故障诊断能力的灾害应急响应与恢复技术对于保障设备安全和运行稳定具有重要意义。

（二）增强设备的抗灾能力

灾害应急响应与恢复技术通过改进设备的设计和结构，可以增强设备的抗灾能力，从而减少灾害对智能电气设备的破坏。

针对火灾风险，可以在设备设计中加入防火措施。例如，在电气设备周围设置防火隔离区域，外壳采用阻燃材料进行设计，安装火灾自动报警系统，等等。这些措施可以有效降低火灾对设备的损害，并且及时发出警报以便人们迅速采取适当的灭火措施。

针对水灾风险，可以采取防水设计来保护设备。例如，使用防水密封材料和防水涂层来保护电气元件，确保设备在水灾情况下不受损。还可以安装水位监测器和泄水系统，一旦检测到水位过高，系统将自动启动泄水机制，避免设备被水淹没。

除了火灾和水灾，灾害应急响应与恢复技术还可以通过抗震设计来提升设备的抗灾能力。在设备的结构设计中，可以采用抗震材料和减震装置，以增加设备对地震的抵抗能力。这样，在地震发生时，设备能够更好地保持稳定，并减少受损的风险。

还可以利用智能控制技术来提升设备的抗灾能力。通过在设备中集成传感器和自动控制系统，可以实现对设备运行状态的实时监测和控制。当检测到异常情况时，系统可以自动采取相应的应急措施，例如切断电源、关闭设备等，以防止进一步的损害。

二、灾害应急响应与恢复技术的应用

灾害应急响应与恢复技术通过整合信息和通信技术、传感器技术以及智能化设备，为灾害发生时的紧急情况提供了快速、准确和高效的响应。

（一）灾害监测与预警系统

灾害监测与预警系统是灾害应急响应与恢复技术中至关重要的组成部分。该系统利用传感器网络、遥感技术和地理信息系统等先进技术手段，实时监测和收集各种灾害的相关信息，包括地质灾害（如地震、滑坡）、气象灾害（如暴雨、台风）以及环境灾害（如水污染、空气污染），通过数据分析和模型预测，及时发出预警信息，以便相关部门和民众采取必要的防护措施。

例如，在地震监测与预警系统中，地震传感器被安装在地壳内部，可以实时监测地震活动。一旦传感器检测到地震信号，它们会立即将数据通过无线通信传输到地震预警中心。预警中心利用接收到的数据进行分析和处理，通过算法模型对地震的规模、震源位置以及可能产生的破坏程度进行预测。一旦判断地震可能对某个地区造成威胁，预警中心会立即发出预警信息，包括震级、震源位置和预计抵达时间，以提醒民众迅速采取避难措施。

类似地，针对其他类型的灾害，如暴雨、台风等，监测与预警系统也会利用相关的传感器网络和遥感技术来收集数据。例如，在防洪预警系统中，水位传感器可以实时监测河流或水库的水位变化，气象雷达可以监测降雨情况。通过分析这些数据，并结合历史数据和模型预测，系统可以预测出可能发生的洪水情况并及时发出预警信息，以便有关部门和居民做好应对准备。

灾害监测与预警系统的运行离不开地理信息系统（GIS）的支持。GIS 可以整合各种空间数据，如地形图、土地利用图等，与监测数据进行融合，提供灾害发生地点和周边环境的详细信息，为预警决策提供更加精确的依据。

（二）远程监控与控制功能

远程监控与控制功能是利用互联网和传感器技术，实现对智能电气设备的远程监视、操作和管理。这项技术可以在灾害发生时，为人们提供及时的信息反馈和远程控制能力，从而降低人员伤亡和财产损失。

利用远程监控功能，人们可以通过互联网随时随地对设备进行监视。传感器技术能够实时采集关键数据，然后将这些数据传输到监控系统中。操作人员可以通过监控系统查看设备的状态和运行情况，及时了解异常情况并采取相应措施。

这种远程监控功能能够实时检测设备状态并发送警报信息，使操作人员能够立即采取行动，提高了反应速度；传感器技术的应用减少了人工巡检的需求，节省了时间和人力成本；通过互联网，人们可以随时远程监控设备，不受时间和地点限制，提高了监控的便捷性和灵活性。

除了监控功能，远程控制也是灾害应急响应与恢复技术的重要组成部分。通过远程操作，人们可以对设备进行远程控制和管理，以采取紧急措施保护人员安全并减少进一步损失的可能性。

在火灾发生时，远程控制系统可以关闭电源或启动喷淋系统，以扑灭火势或减缓火势的蔓延；在漏水事故中，远程控制系统可以关闭阀门以停止水源，避免进一步的水浸损失；当灾害导致电力中断时，远程控制功能可以通过重启电源或切换备用电源来恢复供电，确保关键设备的正常运行。

这些远程控制功能使得人们能够在灾害现场外采取紧急措施，保护人员安全并减少进一步损失的可能性。同时，远程监控与控制功能还可以通过对设备状态和运行情况的实时监测，提供数据支持和决策依据，帮助灾害应急响应与恢复工作更加高效和精确。

（三）智能救援与避难管理

灾害应急响应与恢复技术通过智能化设备和系统的应用，提供了更高效的救援与避难管理手段。以下是几个关键方面的应用示例：

1.快速搜索和定位

利用无人机技术和人工智能算法，可以实现快速搜索和定位被困人员的位置，为救援行动提供精确的指导。无人机可以快速飞越受灾区域，利用图像识别和数据分析技术，辅助救援人员确定被困人员的具体位置，并提供实时的救援指导。这种快速搜索和定位的能力可以大大提高救援效率，缩短救援时间，最大程度地减少人员伤亡。

2.人脸识别和身份认证

通过人脸识别和身份认证技术，可以对受灾群众进行登记和管理，确保他们的基本需求得到满足。在灾难发生时，人脸识别技术可以帮助救援人员快速识别受灾人员，并建立个人档案，包括身份信息、健康状况和需求等。这些信息可以帮助救援组织和相关部门更好地了解受灾人员的情况，有针对性地提供救助和资源分配。

3.避难所内部环境监测和管理

利用物联网技术和传感器网络，可以实现对避难所内部环境的监测和管理。例如，通过监测空气质量、温湿度等参数，系统可以自动调节空调系统，提供适宜的环境条件，确保避难者的舒适和健康。通过监测人员流量和安全状况，系统可以及时发现异常情况，并采取相应的措施，以维持避难所内部的秩序稳定和安全。

智能救援与避难管理技术的应用，可以大大提高灾害应急响应的效率和精确度。通过快速搜索和定位被困人员、人脸识别和身份认证、避难所内部环境监测和管理等手段，可以加强对受灾群众的救援和保护，提高救援行动的准确性和时效性。这些智能化技术的应用不仅可以提高救援工作的效率，还可以最大限度地保障人员安全和满足基本需求。

（四）数据分析与决策支持

灾害应急响应与恢复技术通过大数据分析和人工智能算法的应用，为决策者提供准确的数据支持，从而提高决策的科学性和效率。

1.灾害预测和规模评估

通过对历史灾害数据和实时监测数据的整合分析，可以预测灾害发生的趋势和规模，并为决策者制定应急预案提供依据。利用大数据分析和人工智能算法，可以识别出灾害发生的潜在因素和相关关联，并根据这些因素进行模型建立和预测。这样的预测结果可以帮助决策者提前做好应对措施，调动资源和救援力量，以最大限度地减少人员伤亡和财产损失。

2.救援行动优化和资源调配

通过对救援行动和资源调配的优化分析，可以提高救援效率和资源利用率。利用大数据分析和人工智能算法，可以根据实时监测数据和救援需求进行动态调整和优化决策。例如，在灾害现场的救援行动中，通过分析灾情、交通状况、资源分布等信息，系统可以智能地规划最佳的救援路径和资源调配方案。这样的优化分析可以提高救援效率，快速响应灾害，以最大限度地挽救生命和减少损失。

3.基于数据的决策支持

利用大数据分析和人工智能算法，为决策者提供基于数据的决策支持，使其能够做出更加科学和准确的决策。通过对各种数据源的整合和分析，系统可以提供决策者所需的关键信息和洞察力。例如，基于历史灾害数据和实时监测数据的分析结果，系统可以为决策者提供不同应急预案的评估和比较，帮助其选择最合适的方案。系统还可以根据不同情景和目标，提供针对性的决策建议和模拟分析，为决策者制定应对策略提供科学依据。

第十章　智能电气设备的经济性评估

第一节　成本效益分析

成本效益分析是对智能电气设备进行经济性评估的重要方法之一。它通过比较设备的成本与其带来的效益，从而判断设备是否具有经济可行性。

一、成本效益分析的基本概念

成本效益分析是一种比较不同方案或决策的方法，其核心在于权衡成本与效益之间的关系。在进行成本效益分析时，我们需要考虑到成本的两个方面：直接成本和间接成本。

直接成本主要包括设备的购买成本、安装成本和运营维护成本。购买成本是指为获得某项设备所支付的费用，包括设备本身的价格以及相关附加费用；安装成本是指将设备安装到指定位置所需的费用，包括人工费用、材料费用和设备调试费用等；运营维护成本是指设备在使用过程中所产生的费用，包括能耗费用、维护保养费用、零部件更换费用等。

而间接成本则是设备使用过程中可能引起的其他费用，如人工成本、能源消耗等。人工成本是指设备运营所需的人力资源费用，包括操作人员的工资、培训费用等；能源消耗是指设备在运行过程中消耗的能源，如电力、燃料等。除此之外，间接成本还包括设备故障所导致的停机时间和损失、环境污染引起的治理成本等。

在进行成本效益分析时，我们还需要考虑到效益的多个方面。例如：智能电气设备可以提高生产效率，降低生产成本；通过优化能源利用，可以降低能耗和运营成本；提升产品质量和可靠性，可以减少维修和更换费用；改善生产环境，可以提高员工满意度和工作效率，等等。

因此，成本效益分析不仅要考虑设备的直接成本，还要考虑设备使用过程中可能产生的间接成本。同时，也需要全面考虑设备带来的效益，从提高生产效率、降低能耗、提升产品质量等多个角度进行评估。只有在充分权衡成本与效益之后，才能做出合理的决策，并选择最经济可行的方案或决策。

二、成本效益分析的步骤

成本效益分析是一个系统性的过程，涉及多个步骤，以评估设备的经济可行性。以下是成本效益分析的基本步骤：

（一）确定评估目标

确定评估目标是进行成本效益分析的第一步，它对整个分析过程起到指导作用。在确定评估目标时，需要明确以下几个方面：

1.评估的设备

确定需要评估的具体设备或方案。可以是某种新型智能电气设备，也可以是不同供应商提供的设备选择。明确评估的设备有助于聚焦分析的范围和目标。

2.相关参数

确定与设备相关的参数和指标。这些参数可能包括设备的技术特性、规格、性能要求等。根据实际情况，还可以考虑设备的使用寿命、维修周期、能耗等因素。

3.问题和关注点

确定具体要分析的问题和关注点。这可以是针对设备的某个方面或多个方面的经济性评估。例如，是评估设备的总体经济可行性，还是更关注设备的运营成本、能源消耗等。

明确评估目标有助于将注意力集中在关键问题上，并为后续的数据收集和分析提供指导。同时，也有助于确保评估结果的准确性和实用性。

举例来说，如果目标是评估某种新型智能电气设备的成本效益，那么关注点可能包括购买成本、安装成本、运营维护成本以及设备带来的预期效益。还可以关注该设备对生产效率、能源消耗、产品质量等方面的影响。

（二）收集数据

收集数据是进行成本效益分析的重要步骤，它为评估提供了基础和依据。在收集数据时，需要考虑以下几个方面：

1.设备成本数据

收集与设备成本相关的数据，包括设备购买成本、安装成本和运营维护成本等。这些数据可以来自内部的财务报表、采购记录或相关部门提供的信息。购买成本包括设备本身的价格以及与购买相关的费用，如运输费用、关税等。安装成本包括将设备安装到指定位置所需的费用，包括人工费用、材料费用和设备调试费用等。运营维护成本包括设备使用过程中的能耗费用、维修保养费用等。

2.预期效益数据

收集与设备预期效益相关的数据，这些数据可以是定量的也可以是定性的。定量数据可以包括通过设备带来的生产效率提升、能源消耗降低、成本节约等方面的具体数值。例如，增加的产量、降低的能耗、减少的人工成本等。定性数据可以通过市场调研、专家意见或问卷调查等方式获取，如提高产品质量、改善客户满意度等。

3.市场调研数据

收集与设备相关的市场调研数据，包括市场需求、竞争情况、行业趋势等。这些数据可以帮助评估设备在市场上的竞争力和潜在需求，从而更准确地预测设备的效益和市场前景。

4.专家意见和经验

向相关领域的专家、技术人员或相关部门咨询，获取他们对设备成本和效益的看法和经验。专家的意见和经验可以提供宝贵的信息和参考，有助于更全面地评估设备的成本效益。

在收集数据时，需要确保数据的准确性和可靠性。可以使用多个来源进行交叉验证，并注意对数据的有效性进行审查和核实。同时，也要根据具体情况灵活选择数据收集的方式和方法，以获得最为全面和准确的数据，为后续的分析和评估提供可靠的基础。

（三）评估成本

评估成本是成本效益分析的关键步骤之一，它有助于计算设备的直接成本和间接成本，并对其进行总结和归纳。在评估成本时，需要考虑以下几个方面：

1.数据计算与估算

根据收集到的数据，进行成本计算和估算。对于直接成本，可以直接使用已有的数据进行计算。例如，根据购买记录和发票，计算设备的购买成本；通过询价或市场调研，估算安装成本。对于间接成本，可能需要进行一些估算和推断。例如，通过统计历史数据和运营经验，估算设备的能源消耗；通过人工工时记录和工资标准，计算人工成本。

2.总结和归纳

将计算得到的直接成本和估算得到的间接成本进行总结和归纳。将各项成本明确列出，并按照不同类型进行分类和汇总。这样可以更清晰地了解设备的成本构成，并为后续的效益评估和比较提供基础。

在评估成本时，需要尽可能确保数据的准确性和可靠性。可以使用多个来源进行交叉验证，并注意对数据的有效性进行审查和核实。对于估算部分，应尽量依据实际情况和可靠数据进行推断，避免过度主观或不准确的估算。

（四）评估效益

评估效益是成本效益分析的核心步骤之一，它旨在计算设备带来的预期效益。在评估效益时，可以考虑以下几个方面：

1.效益的多样性

设备可能从多个方面带来效益，例如提高生产效率、降低能耗、改善产品质量等。在评估效益时，需要根据实际情况明确要关注的效益类型，并与利益相关者进行充分沟通和了解。

2.数据来源

根据收集到的数据，计算设备带来的预期效益。数据可以来自内部的生产记录、财务报表，也可以来自外部的市场调研、客户反馈等。

3.评估方法

对于定量效益，可以使用财务指标进行评估，如投资回报率（ROI）、净现值（NPV）、内部收益率（IRR）等。这些指标可以帮助量化效益，并与成本进行对比和权衡。对于定性效益，可以采用问卷调查、专家评估等方式进行评估，将效益以描述性的方式进行表达和比较。

4.不确定性和风险考虑

在评估效益时，需要考虑不确定性和风险因素。效益的实现可能受到多个变量的影响，如市场变化、技术发展等。因此，在计算预期效益时，应考虑不同情景下的变化，并进行敏感性分析和风险评估，以更全面地了解效益的可行性和稳定性。

（五）比较与分析

比较与分析可以帮助评估设备的经济可行性，并为决策提供依据。

1.成本与效益对比

将设备的成本与效益进行对比，以评估其经济可行性。将直接成本和间接成本与预期效益进行匹配，分析设备带来的收益是否能够覆盖成本，并考虑回报周期和投资回报率等指标。通过比较不同方案或决策的成本效益，可以确定哪种方案更具有经济优势。

2.因素的重要性和权重

考虑不同因素的重要性和权重，并进行综合分析。不同决策者可能对成本和效益的重视程度不同，因此需要根据实际情况确定各项因素的权重。可以使用加权平均法或其他相关方法，将不同因素的得分进行汇总，从而得出综合评估结果。

3.敏感性分析

在比较和分析中，应进行敏感性分析，考虑不确定性和风险因素对结果的影响。通过改变关键变量或假设，观察结果的变化情况，以评估方案的稳定性和可行性。这有助于识别可能存在的风险，并为决策提供更全面的信息。

4.决策依据

将比较与分析的结果形成决策依据。根据分析结果，权衡各个方案的优劣之处，选择最佳的决策或方案。同时，还应考虑其他因素，如战略目标、资源限制等，以制定出符合整体利益的决策。

通过比较与分析，可以对不同设备方案或决策进行客观评估，明确其经济可行性和潜在风险。这有助于决策者做出理性决策，选择最具经济效益的方案，并为后续的实施和监控提供指导。同时，也需要意识到比较与分析是一个动态过程，在实际操作中可能需要多次迭代和调整，以达到最佳的决策结果。

（六）结果呈现

结果呈现是成本效益分析的最后一步，它通过总结和呈现评估结果，为决策提供重要的信息和依据。在进行结果呈现时，要考虑以下几个方面：

1.报告结构

设计报告的结构，使其清晰易读。通常，报告应包括引言、目标和范围的说明、数据来源和分析方法的描述、评估结果的呈现、结论和建议等部分。合理的结构有助于读者更好地理解和使用报告。

2.分析过程和方法

说明分析过程和采用的方法。明确数据收集的过程和来源，并详细描述评估所采用的方法、模型或假设。这有助于提高报告的透明度和可信度，使读者能够了解评估的可靠性和局限性。

3.成本和效益数据

提供具体的成本和效益数据，以支持评估结果的可视化呈现。可以使用表格、图表或图形等方式来展示数据，使读者更直观地了解不同方案或决策的成本效益差异。也可以根据需要提供对比分析、趋势分析等。

4.结论和建议

在报告中给出明确的结论和建议，基于评估结果提供决策支持。结论应准确概括评估的核心发现，清晰地指出哪种方案或决策具有更好的经济可行性。建议可以包括进一步改进或优化方案、风险管理措施等。

5.读者定位

考虑报告的受众定位，并根据读者的背景和需求进行适当调整。对于高级决策者，报告可以更注重总结和关键结论；对于技术人员或利益相关者，报告可以更加详细地解释分析过程和方法。

最终的目标是通过报告的清晰呈现，向利益相关者传达评估结果，并帮助他们做出明智的决策。在撰写报告时，需要注意语言简洁明了，内容准确全面，并根据读者的需求进行适当的沟通和解释。

成本效益分析是一个动态的过程，随着数据的更新和情况的变化，可能需要进行周期性的评估和调整。同时，还应注意评估过程中的不确定性和风险因素，并进行相应的敏感性分析和风险评估，以提高评估结果的准确性和可靠性。

三、成本效益分析的应用

成本效益分析作为一种决策工具，广泛应用于各个领域，特别是在智能电气设备的选型和投资决策中具有重要作用。以下是几个常见的应用场景：

（一）设备选型

在选择合适的设备时，成本效益分析可以帮助决策者比较不同设备方案的经济性。通过评估各个方案的成本和效益，包括购买成本、运营成本、预期效益等，决策者可以选择最适合其需求的设备。

（二）投资决策

对于不同投资方案，通过评估其成本和效益，计算投资回报率、净现值等财务指标，可以帮助决策者判断投资方案的可行性和潜在风险，从而做出明智的投资决策。

（三）运营管理

通过评估设备使用过程中的成本和效益，如维修保养费用、能源消耗、生产效率等，可以优化运营管理策略，减少成本、提高效益，并优化资源配置。

（四）政府决策

政府部门在公共设施建设和项目投资决策中常常使用成本效益分析。通过评估不同方案的成本和效益，包括社会经济效益、环境影响等，政府可以全面了解各个方案的优劣之处，从而做出基于科学依据的决策，实现最大化的社会利益。

（五）环境评估

成本效益分析在环境评估中也有广泛应用。对于智能电气设备及其相关项目，成本效益分析可以帮助评估其环境影响和可持续性。通过评估环境治理成本、能源消耗、排放减少等方面的效益，可以增强环保意识和促进可持续发展。

第二节　投资回报率评估

在对智能电气设备进行经济性评估时，投资回报率是一个重要的指标。它可以帮助决策者评估投资项目的盈利能力和可行性，从而做出明智的决策。

一、投资回报率的计算方法

投资回报率是指投资项目所产生的收益与投资成本之间的比率。一般来说，投资回报率越高，意味着项目的盈利能力越强。下面是投资回报率的计算公式：

投资回报率=（投资收益－投资成本）/投资成本×100%

其中，投资收益是指投资项目所产生的总利润或收入；投资成本是指投资项目的总投入资本。投资成本包括直接投资和间接投资两部分，直接投资是指为购买智能电气设备而支付的费用，包括设备价格、安装费用等。间接投资是指为适应智能电气设备运行而进行的改造和调整所需的费用，包括系统改造费用、培训费用等。

二、投资回报率评估方法

在进行投资回报率评估时，一般可以采用以下方法：

（一）静态投资回报率

静态投资回报率是指在设备使用寿命期间，按照设备购置费用和每年预计收益的比例计算的回报率。具体计算公式如下：

静态投资回报率=（项目总收益－投资成本）/投资成本×100%

其中，项目总收益是指设备使用寿命期间的总经济效益。

（二）动态投资回报率

动态投资回报率是指在设备使用寿命期间，考虑到时间价值因素对投资回报率进行修正的方法。具体计算公式如下：

动态投资回报率=（项目总现金流量净额/投资成本）×100%

其中，项目总现金流量净额是指设备使用寿命期间的总现金流入减去总现金流出。

三、投资回报率评估的注意事项

在进行投资回报率评估时，需要注意以下几点：

（一）考虑时间价值

在进行投资回报率评估时，由于货币具有时间价值，即同样金额的钱在不同时间点的价值是不同的，因此在计算投资回报率时，需要充分考虑现金流量的时间价值。

1.静态投资回报率的局限性

静态投资回报率是一种简单的计算方法，它将设备购置费用与每年预计收益的比例作为回报率。然而，静态投资回报率没有考虑到现金流量的时间价值，可能导致对项目经济效益的评估存在误差。

例如，假设某个投资项目的回报期为 5 年，静态投资回报率为 20%。但如果考虑到现金流量的时间价值，利用动态投资回报率进行计算后发现，实际的回报率可能会低于 20%。这是因为静态投资回报率未对不同年份的现金流量进行折现处理。

2.动态投资回报率的优势

相比之下，动态投资回报率可以更好地反映实际情况，因为它考虑了现金流量的时间价值。动态投资回报率通过将项目总现金流量净额与投资成本的比例进行计算，考虑了不同年份的现金流量对回报率的影响。

动态投资回报率的计算方法更为复杂，需要对现金流量进行折现处理。通常使用的折现率是根据项目的风险程度和市场利率确定的。通过将未来的现金流量折现到当前值，可以更准确地计算出投资回报率。

3.投资回报率评估的意义

考虑时间价值的投资回报率评估能够更全面地衡量投资项目的经济性和可行性。它能够提供更准确的投资决策依据，帮助决策者判断投资项目是否值得进行。

在实际应用中，需要根据具体情况选择合适的投资回报率计算方法。如果项目的现金流量较为稳定，并且时间跨度相对较短，则静态投资回报率可能已经足够准确。但对于长期项目或存在较大不确定性的项目，应优先考虑动态投资回报率以更好地反映实际情况。

（二）考虑风险和不确定性

在进行投资回报率评估时，需要充分考虑风险和不确定性因素。投资回报率评估仅仅是一个预测指标，存在一定的风险和不确定性。

1.风险分析和评估

在进行投资回报率评估之前，需要进行风险分析和评估。通过对潜在风险的识别、分析和评估，可以更全面地了解投资项目可能面临的风险情况。

风险分析主要包括风险的识别和分类。风险识别可以通过市场调研、竞争对手、技术发展趋势等方式进行，以确保对各种风险有清晰的认识。而风险分类则可根据风险的来源、性质和影响程度进行划分，例如市场风险、技术风险、政策风险等。

风险评估是对已经识别的风险进行定量或定性的评价。通过对风险的概率和影响程度进行评估，可以得出不同风险的优先级和重要性，从而有针对性地制定相应的风险应对策略。

2.不确定性因素的考虑

除了风险分析和评估外，还需要考虑不确定性因素对投资回报率的影响。不确定性因素包括市场需求变化、技术发展、政策法规调整等，这些因素可能会对投资项目的经济效益产生不可预测的影响。

在评估投资回报率时，可以通过进行灵敏度分析和场景分析来考虑不确定性因素的影响。灵敏度分析是通过改变关键参数或假设条件，观察对投资回报率的影响程度。场景分析则是根据不同的情景设定，对投资回报率进行多种情况的模拟和评估，以全面了解不确定性因素的潜在影响。

（三）综合考虑其他因素

在对智能电气设备进行经济性评估时，除了投资回报率，还需要综合考虑其他因素。这些因素包括技术可行性、市场需求等，这样可以更全面地评估智能电气设备的经济性和可行性。

1.技术可行性

技术可行性是评估智能电气设备的重要因素之一。需要评估设备的技术先进性、稳定性、可靠性以及与现有系统的兼容性等。如果设备的技术水平不符合要求或无法满足实际应用需求，即使投资回报率较高，也可能无法取得预期效果。

评估技术可行性时，可以利用技术论证、现场试验、技术比较等方法。通过对技术方案的研究和验证，可以更准确地判断智能电气设备是否具备可行性。

2.市场需求

需要评估设备所面对的市场规模、竞争态势、市场份额等。如果市场需求不足或竞争激烈，即使投资回报率较高，也可能无法获得良好的经济效益。

评估市场需求时，可以利用市场调研、竞争分析、用户需求调查等方法。通过了解市场的发展趋势和用户的需求，可以更准确地判断智能电气设备在市场中的可行性。

3.其他因素

除了技术可行性、市场需求和环境影响外，还有其他因素，如政策法规、人力资源、运维成本等。这些因素对智能电气设备的经济性和可行性同样具有重要影响。

在进行综合考虑时，可以采用多指标评价方法，将各个因素进行权衡和综合分析。通过建立评估模型和制定相应的权重，可以得出综合考虑后的评估结果，为决策者提供更准确的参考依据。

第三节　智能电气设备的经济性决策方法

在购买智能电气设备时，如何进行经济性决策是一个需要考虑的重要问题。

一、投资回收期（Payback Period）

投资回收期是一种常用的经济性决策方法，用于评估智能电气设备的投资收益与回收时间。投资回收期是指从投资开始到项目全部投资金额通过现金流入回收所需的时间。它衡量了投资项目的资金回收速度，是一个重要的经济指标，通常以年为单位进行计算。

（一）投资回收期的计算方法

投资回收期的计算方法相对简单，主要包括以下几个步骤：

步骤 1：确定投资额

需要先确定智能电气设备的总投资额，包括设备购置费用、安装费用、运营费用等。这些成本需要在项目开始之前进行准确的估算和计算。

步骤 2：计算年度现金流量

需要估计每年的现金流入和现金流出。现金流入包括设备的运营收入、节约成本等，现金流出包括设备的维护费用、运营成本等。这些现金流量需要进行详细的分析和预测，可以基于历史数据、市场调研和专业人员的意见进行估算。

步骤 3：累计现金流量

将每年的现金流量进行累加，得到每年累计现金流量。这可以通过编制现金流量表或者使用电子表格软件来完成。累计现金流量反映了每年投资回收的进展情况。

步骤 4：计算投资回收期

通过累计现金流量与投资额的比较，确定第几年能够使累计现金流量超过投资额。这一年即为投资回收期。具体计算方法是将累计现金流量除以投资额，并找出最小的整数年份，使得该年的累计现金流量超过投资额。

投资回收期计算方法的简单性使其成为经济性决策中常用的工具之一。然而，需要注意的是投资回收期只考虑了投资额的回收时间，没有考虑到现金流的时间价值和后续现金流的影响。因此，在实际应用中，还需要结合其他财务指标和方法进行综合分析，以全面评估智能电气设备的经济性。

（二）投资回收期的优缺点

投资回收期作为一种经济性决策方法，具有以下优点和缺点：

1.优点

投资回收期的计算方法相对简单，不需要复杂的财务模型或专业知识，这使得非财务人员也能够理解和应用该方法；投资回收期是一个时间指标，能够直观地反映出投资项目的回收速度。较短的回收期意味着资金能够更快地回流，从而降低了投资风险；投资回收期可以根据实际情况进行调整和应用于不同的项目。它适用于各种规模和类型的投资项目，可以帮助决策者在不同方案之间做出选择。

2.缺点

投资回收期没有考虑到现金流的时间价值，即未将不同时期的现金流量进行折现。这导致长期项目的准确性受到影响，因为它们可能在后期才能实现较大的现金流入；投资回收期只关注回收成本的时间点，而忽视了项目的后续现金流。这可能导致忽略了项目在回收期之后的持续盈利能力，造成对项目经济性的不准确评估；由于投资回收期没有考虑到投资规模的大小，所以无法直接比较不同项目的经济性。即使两个项目的投资回收期相同，其投资额和收益也可能存在差异，因此需要结合其他财务指标进行综合评估。

（三）投资回收期的应用范围

投资回收期广泛应用于各个领域的经济性决策中，特别适用于以下情况：

1.项目周期较短

对于项目周期较短的情况，投资回收期可以作为一个有效的评估指标。例如，对于一些小型设备或短期工程项目，投资回收期可以帮助评估投资的回报速度和风险。

2.资金紧张的情况

当资金有限时，投资回收期成为一个重要的决策工具。它可以帮助决策者选择最快回收投资的项目，以释放资金用于其他投资或运营需求。

3.同类项目比较

在同一行业或领域内，使用投资回收期可以方便地进行不同项目的比较。

通过比较投资回收期，决策者可以判断哪个项目能够更快地回收投资，并选择具有更好经济效益的项目。

4.初步筛选项目

在项目选择的初期，投资回收期可以作为一个初步筛选的工具。通过计算投资回收期，可以排除那些回收期过长、无法满足投资回报要求的项目，从而缩小决策范围。

5.风险评估

投资回收期可以帮助评估项目的风险情况。较短的投资回收期意味着资金能够更快地回收，降低了投资风险；相反，较长的投资回收期可能意味着项目的不确定性增加，需要更谨慎地评估和管理风险。

二、净现值（Net Present Value）

净现值是指将未来一系列现金流量折算到当前时间的价值之和，即以单位货币计量的资金流入与流出在时间上的差额。净现值是用来评估一个投资项目是否具有经济可行性的一种方法。

（一）净现值的计算

净现值的计算公式如下：

$$\text{NPV}=\sum_{t=0}^{n}\frac{CF_t}{(1+r)^t}-C_0$$

其中：

NPV：净现值

CF_t：第 t 年的现金流量

r：贴现率（折现率）

C_0：初始投资成本

n：投资项目的寿命

（二）净现值的分析

如果净现值大于零，表示项目的回报超过了投资成本，意味着该项目可能会带来利润；如果净现值小于零，表示项目的回报低于投资成本，意味着该项目可能会导致亏损；如果净现值等于零，表示项目的回报与投资成本相当，意味着该项目不会带来额外的利润或亏损，只能维持现状。

（三）净现值分析的优点和局限性

1.优点

净现值将未来的现金流量折算到当前时间，能够更全面地评估投资项目的价值；净现值能够对不同时间点的现金流量进行加权计算，充分考虑现金流量的变化情况；净现值是以货币单位计量的，直观地反映了项目的盈利能力。

2.局限性

净现值的计算需要确定一个贴现率，该贴现率对净现值的结果有重要影响，但贴现率的确定并不容易；净现值只关注投资项目整体的回报情况，而没有考虑项目规模的扩大或缩小对净现值的影响；净现值只考虑了项目的经济效益，忽略了一些非经济因素（如环境影响、社会效益等）对决策的影响。

三、内部收益率（Internal Rate of Return）

内部收益率（Internal Rate of Return，简称 IRR）可以帮助评估项目的投资回报率和可行性。IRR 是指使得项目净现值（Net Present Value，简称 NPV）等于零的折现率。净现值是将未来的现金流通过折现计算后得到的当前价值与投资成本之间的差额。IRR 反映了项目的内部收益率，即项目所能提供的回报率。

（一）IRR 的计算方法

IRR 的计算方法有多种，其中最常用的是试错法和迭代法。

1.试错法

试错法是一种逐步尝试不同折现率的方法，直到找到使得净现值等于零的折现率。具体步骤如下：

列出项目的现金流量表，包括投资成本和未来各期的现金流入。

假设一个初始折现率，计算项目的净现值。

如果净现值大于零，则增加折现率；如果净现值小于零，则减小折现率。

重复步骤 2 和步骤 3，直到找到使得净现值等于零的折现率。

试错法的优点是相对直观和易于理解，可以通过逐步尝试不同折现率的方法来确定最合适的折现率。然而，它的缺点在于计算过程相对繁琐，需要多次尝试，耗费时间和精力。

2.迭代法

迭代法是一种数值逼近的方法，通过迭代计算来求解 IRR 具体步骤如下：

列出项目的现金流量表，包括投资成本和未来各期的现金流入。

假设一个初始折现率，计算项目的净现值。

根据净现值的正负情况，调整折现率的大小。

重复步骤 2 和步骤 3，直到净现值趋近于零。

迭代法通过不断调整折现率，逼近使得净现值等于零的折现率，从而计算得到 IRR。相比试错法，迭代法利用数值计算的方法可以更快地找到 IRR，并且适用于复杂的现金流模式。

（二）IRR 在智能电气设备经济性决策中的应用

IRR 作为一种经济性决策方法，可以在智能电气设备的选型和投资决策中发挥重要作用。以下是 IRR 在该领域的应用情景：

1.智能电气设备的选型

在智能电气设备的选型过程中，内部收益率（IRR）可以作为一个重要的经济性指标来评估不同候选设备的回报率，并帮助决策者做出正确的选择。

首先，列出每个候选设备的现金流量表，包括投资成本和未来各期的现金流入。这些现金流可以包括设备的运营收入、节约的能源成本以及其他相关的经济效益。

接下来，使用试错法或迭代法计算每个设备的 IRR。通过尝试不同的折现率，找到使得净现值等于零的折现率，即 IRR。较高的 IRR 意味着更好的经济效益，因为它表示项目的投资回报率更高。

比较不同候选设备的 IRR 值，可以帮助决策者了解每个设备的潜在经济效益。通常情况下，具有较高 IRR 的设备被认为具有更好的经济可行性，因为它们能够提供更高的投资回报。

在选择智能电气设备时，IRR 并不是唯一的考虑因素。还需要综合考虑其他因素，如设备的功能、性能、质量、可靠性、维护成本以及与其他系统的兼容性等。

因此，在选型过程中，需要综合考虑IRR与其他因素的权衡，从而做出最佳的决策。仅仅依靠IRR来选择设备可能会忽略了其他重要的方面。IRR应该作为一个参考指标，并结合其他定量和定性的评估方法来进行综合分析和决策。

2.项目优化

项目优化是通过计算不同方案的内部收益率（IRR）来评估不同设计、配置和运营策略对经济性的影响。IRR是衡量项目投资回报和效益的重要指标，因此通过比较不同方案的IRR来寻找最优解决方案，能够实现最大的投资回报和效益。

在项目优化过程中，需要明确各种方案的设计、配置和运营策略，并进行详细的成本估算和收益预测。然后，通过计算每个方案的IRR，可以量化不同方案的经济性，从而直观地比较它们的投资回报和效益。

通过比较不同方案的IRR，我们可以确定哪个方案具有更高的经济性和投资回报。较高的IRR意味着项目能够在更短的时间内回收投资，并获得更高的利润。因此，选择具有较高IRR的方案将带来更大的投资回报和效益。

项目优化不仅有助于在设计阶段选择最优方案，还可以在项目运营期间进行持续优化和改进。通过定期评估项目的IRR，可以及时发现并纠正运营中的问题，进一步提高投资回报和效益。

第十一章　智能电气设备的应用案例

第一节　工业自动化领域的应用案例

随着科技的不断发展，智能电气设备在工业自动化领域的应用越来越广泛。

一、智能仓储系统

智能仓储系统在工业自动化领域中的应用日益广泛，它通过智能电气设备和先进的自动化技术，实现了对仓储过程的智能化管理和优化。智能仓储系统不仅提高了仓库的物流效率和准确性，还降低了人力成本，保障了货物的安全和质量。

（一）自动化存储与检索系统

自动化存储与检索系统是智能仓储系统中的核心组成部分，它通过智能电气设备、传感器和机械装置等技术，实现对货物的自动存储和检索。这种系统可以有效提高仓库的存储效率和准确性，降低人力成本和错误率，为企业的仓储管理带来重要的便利。

在自动化存储与检索系统中，智能电气设备起到了关键的作用。通过使用 RFID 标签或条码识别技术，智能电气设备可以快速准确地识别每个货物的唯一身份信息。当货物需要被存放时，智能电气设备会根据仓库管理系统的指令，自动将货物放置在预定的位置上。这样，不仅大大提高了货物的存储密度，还避免了手工操作导致的错误和混乱。

当需要取出货物时，智能电气设备会根据仓库管理系统的指令，自动找到并取出相应的货物。它可以准确地定位并操作货架、货位等设备，以确保货物被顺利取出。整个过程无需人工干预，提高了取货效率和准确性。智能电气设备还可以记录取货的时间、数量等信息，为仓库管理提供准确的数据支持。

自动化存储与检索系统的优势不仅体现在存放和取出货物的过程中，还可以通过智能电气设备的联动实现仓库内货物的自动调度和优化。通过传感器监测仓库内货物的数量和状态，智能电气设备可以及时反馈给仓库管理系统。当某个区域的货物数量不足或超过预定值时，系统可以自动调整存储位置，以最大限度地利用仓库空间，并保证存储的均衡性。

自动化存储与检索系统还可以与其他智能设备进行联动，例如智能输送带、机械臂等，进一步提高仓库的自动化水平。通过智能电气设备的协调控制，货物可以在不同区域之间自动传输和处理，提高了仓库的物流效率和准确性。

（二）智能输送系统

智能输送系统是智能仓储系统中的一个重要组成部分。它利用智能电气设备、传感器和输送带等装置，实现对货物的自动化输送。该系统通过与仓库管理系统的连接，可以根据指令自动控制输送带的速度和方向，将货物从一个区域运送到另一个区域。

智能输送系统的核心是智能电气设备，它具有自动化控制功能。根据仓库管理系统的指令，智能电气设备能够精确地控制输送带的运行速度和方向，以满足货物的输送需求。这种自动化控制不仅提高了工作效率，还减少了人为操作的错误。

智能电气设备还配备了传感器，用于监测货物的位置和状态。通过传感器的实时反馈，仓库管理系统可以及时获得货物的信息，从而进行实时调度和优化。例如，当货物堆积过多或出现异常情况时，系统可以及时发出警报并采取相应措施，确保货物的安全和顺利运输。

（三）智能仓库管理系统

智能仓库管理系统是智能仓储系统的核心控制系统，它通过集成智能电气设备、传感器和仓库管理软件等技术，实现对仓库内各个子系统的优化控制和协调管理。

智能电气设备配备了先进的自动化控制功能，可以根据仓库管理软件的指令，精确地控制仓库内各个子系统的运行。例如，可以自动调整输送带的速度和方向，以适应货物的流动需求；可以控制货架和堆垛机的移动，实现高效的存储和取货操作。这种自动化控制不仅提高了工作效率，还减少了人为操作的错误和安全风险。

传感器能够实时监测仓库内货物的数量、位置和状态等信息，并将数据反馈给仓库管理软件进行处理和分析。通过传感器的数据，仓库管理软件可以实时了解仓库内的情况，包括货物的存放情况、库存水平以及货物的质量等。基于这些数据，系统可以进行智能调度和优化，使仓库内的物料流动更加高效和准确。

仓库管理软件是智能仓库管理系统的核心。它能够集成和处理来自各个子系统的数据，并根据分析结果做出相应的调度和优化决策。例如，当发现某个区域货物过多或存放不当时，软件可以自动调整货物的分布和位置，以最大程度地利用仓库空间。仓库管理软件还可以与供应链管理系统等其他系统进行连接，实现全局的协同运作和信息共享，提高整个供应链的效率。

智能仓库管理系统的应用减少了存储空间的浪费。通过精确的货物定位和智能布局，系统可以最大限度地利用仓库空间，提高货物的存取密度和效率。

二、智能水处理系统

智能水处理系统是智能电气设备在工业自动化领域的一个重要应用案例。它通过集成智能电气设备、传感器、控制器和监测系统等技术，实现对水处理过程的自动化控制和监测，提高水处理的效率和可靠性。

智能水处理系统的主要功能包括水质监测与调节、水流控制和污水处理等。

（一）水质监测与调节

智能水处理系统通过配备各种传感器和在线监测仪器，实时监测水质参数如 pH、浊度、溶解氧、余氯含量等，并将数据反馈给控制器进行分析和处理。基于监测结果，智能水处理系统可以自动调节投加药剂的量和时间，以保持水质稳定在合适的范围内。

智能水处理系统利用先进的传感技术，能够准确、实时地监测多个关键水质指标。例如，pH 传感器可以监测水体的酸碱度；浊度传感器可以检测水中悬浮物的含量；溶解氧传感器可以测量水中溶解氧的浓度；余氯传感器可以监测水中余氯的含量，等等。这些传感器不仅能够提供准确的水质数据，还能够及时发现异常情况，从而帮助运营人员及时采取措施进行调节和处理。

智能水处理系统的控制器是系统的核心，它接收来自传感器的数据并进行分析和处理。根据预设的水质标准和处理要求，控制器可以自动调节投加药剂的量和时间，以达到净化水质的目标。例如，在水厂中，系统可以根据进水和出水的水质情况，通过控制药剂投加装置的运行来实现水质的稳定。当监测数据超过设定的阈值时，控制器会自动发出警报，并采取相应的措施进行调节。

智能水处理系统在水质监测与调节方面的应用带来了许多优势。它实现了水质的实时监测和调节，避免了传统人工检测的延迟和不准确性；能够根据实际情况自动调节药剂投加的量和时间，提高了处理效率和减少了药剂的浪费；还能够记录和存储大量的水质数据，为运营管理提供参考依据和决策支持。

（二）水流控制

智能水处理系统利用智能电气设备实现对水泵、阀门和管道等设备的自动化控制，从而实现对水流的精确调控。通过反馈水压、流量和温度等参数，系统可以智能地调节水泵的转速和阀门的开闭程度，以保持水流稳定并满足不同的工艺要求。

在给水系统中，智能水处理系统能够根据用户需求和供水压力情况，自动调节水泵的运行状态，确保水流量和压力在合适的范围内。当用户需要更大的供水量时，系统会自动增加水泵的转速，从而提高水流量；相反，当用户需求减少或供水压力过高时，系统会降低水泵的转速，以减小水流量。

智能水处理系统还可以根据水流的特定工艺要求进行精确控制。例如，在某些工业生产过程中，可能需要在特定时间段内将水流量逐渐增加或减少。智能水处理系统可以根据预设的控制策略，在指定时间内逐步调节水泵的转速和阀门的开闭程度，从而实现精确的水流控制。

智能水处理系统的优势不仅在于自动化控制，还在于其智能化的决策能力。系统可以通过实时监测和分析水压、流量和温度等参数，预测并预防潜在的问题，如管道堵塞或泵组故障。一旦发现异常情况，系统能够及时采取相应措施，例如自动关闭故障设备或发送警报信息给操作人员，以避免进一步损坏或影响生产。

（三）污水处理

通过配备传感器和控制器，系统可以实时监测污水的流量、浓度和 pH 等参数，并根据监测结果自动调节设备的运行，从而实现高效的污水处理。

在生物处理过程中，智能水处理系统能够根据污水的化学需氧量（COD）和氨氮含量等指标，自动调节曝气设备和搅拌装置的运行。当污水中的有机物浓度较高时，系统会增加曝气设备的操作时间和强度，以提供足够的氧气供给微生物进行降解反应。同时，系统还会相应增加搅拌装置的运行，以保持反应器中的均匀混合，促进微生物与有机物的接触和反应。

智能水处理系统还可以针对不同的污水处理工艺进行智能化控制。例如，在深度处理阶段，系统可以根据污水的溶解氧和悬浮物含量等参数，自动调节沉淀池和过滤设备的操作。当溶解氧较低或悬浮物含量较高时，系统会相应增加沉淀池的停留时间和过滤设备的运行，以有效去除悬浮物和杂质，使污水达到排放标准。

第二节　智能家居领域的应用案例

一、智能洁具系统

随着科技的不断发展和人们对生活品质的要求提高，智能家居成为了现代家庭的一个重要趋势。而智能洁具系统作为智能家居的重要组成部分，在提升卫生体验、节约水资源和提高生活便利性方面发挥着关键作用。

（一）智能洗手台

智能洗手台是通过采用传感器、水温调节和自动感应等技术，为用户提供更加智能化、便捷和卫生的洗手体验。智能洗手台的应用案例如下：

1.自动感应开关

智能洗手台配备了传感器，可以感知到用户的手的位置和接近程度。当用户将双手放在洗手台上方时，传感器会自动感知到，并启动水龙头，让水流出来。这样，用户无需触摸水龙头，避免了细菌的交叉感染，提高了卫生性。

2.智能水温调节

智能洗手台还具有水温调节功能。用户可以根据个人喜好和需要，通过控制面板或手机应用程序，调节水龙头的水温。这使得用户可以根据季节和个人偏好，获得适宜的水温，得到更舒适的洗手体验。

3.水流强度调节

智能洗手台还可以根据用户的需求调节水流的强度。有些人喜欢较强的水流冲洗双手，而有些人则更喜欢柔和的水流。智能洗手台可以通过控制面板或手机应用程序，让用户自由调节水流的强度，满足不同用户的个性化需求。

4.远程控制功能

智能洗手台可以与智能手机应用程序进行连接，实现远程控制功能。用户可以在离开家之前，通过手机应用程序远程启动洗手台的加热功能，确保回到家时有温暖的水流。用户还可以使用手机应用程序进行水温和水流强度的调节，提前准备好符合自己需求的洗手体验。

5.智能节水功能

智能洗手台还具备智能节水功能。传感器可以精确感知用户的接近程度，只有当用户真正需要使用水流时才会启动水龙头。这样可以避免浪费水资源，并提醒用户养成良好的节水习惯。

（二）智能浴室镜

智能浴室镜是通过集成触摸屏、智能语音助手和LED灯光等功能，为用户提供更加智能化、便捷和多样化的使用体验。

1.触摸屏操作

智能浴室镜配备了触摸屏功能，用户可以通过触摸屏进行各种操作。例如，用户可以通过触摸屏调节镜子的亮度和对比度，根据个人需要获得最适合的照明效果。同时，用户还可以通过触摸屏播放音乐、查看天气预报和浏览互联网等，使洗漱过程更加有趣和便捷。

2.智能语音助手

智能浴室镜集成了智能语音助手，用户可以通过语音指令控制浴室镜的各种功能和其他智能设备的操作。例如，用户可以通过语音指令调节镜子的照明亮度、播放特定的音乐或电台，甚至与智能家居系统进行互动。这样，用户可以在洗漱的同时享受更加智能化的操作体验。

3.LED 灯光照明

智能浴室镜配备了 LED 灯光，提供柔和而均匀的照明效果。这种照明方式不仅可以减少眩光，还可以更好地展现用户的面部特征，使化妆、刮胡子等日常护理更加方便和精确。用户还可以通过触摸屏或语音指令调节 LED 灯光的亮度和色温，根据个人需求来获得最佳的照明效果。

（三）智能马桶系统

智能马桶系统是智能洁具系统中的一项综合应用。通过采用传感器、温度调节、自动冲洗和烘干等技术，智能马桶系统实现了全方位的智能化功能，为用户提供舒适、卫生和高效的使用体验。

1.传感器技术

智能马桶系统配备了传感器，可以感知用户的接近和动作。当用户接近智能马桶时，传感器会自动感知并打开座椅盖，为用户提供便捷的使用环境。在用户坐下后，传感器会自动感知到，并启动相应的功能，如加热座椅和座圈灯光等。这种智能化的感应功能不仅提高了使用的便利性，还避免了传统马桶需要手动操作的不便。

2.温度调节功能

智能马桶系统具备温度调节功能，用户可以根据个人喜好和需要调节座椅的温度。无论是寒冷的冬天还是闷热的夏天，用户都可以通过控制面板或手机应用程序调整座椅的温度，获得舒适的坐便体验。这种个性化的温度调节功能使用户能够根据自己的需求获得最适合的舒适感。

3.自动冲洗和烘干

智能马桶系统具备自动冲洗和烘干功能。当用户使用完毕后，传感器会自动感知到并启动自动冲洗功能，为用户提供卫生、高效的冲洗体验。在冲洗完成后，智能马桶系统还会根据用户的需求自动启动烘干功能，通过热风吹干，避免了传统纸巾的使用，实现快速而舒适的烘干效果。这种自动冲洗和烘干的功能不仅提高了卫生水平，还节省了用纸成本和资源消耗。

二、智能家庭健身系统

随着人们对健康和生活质量的关注增加，智能家居健身系统成为了现代家庭的一个重要趋势。智能家庭健身系统结合了智能运动设备、健康监测器和智能电视等，为用户提供便捷的健身体验。用户可以通过智能手机或电视屏幕上的应用程序选择并进行个性化的健身训练，同时智能运动设备会实时监测用户的运动数据和健康状况，并根据数据提供相应的建议和反馈。

（一）智能健身设备

智能健身设备是智能家庭健身系统中的重要组成部分。它们采用了传感器和连接技术，可以实时监测用户的运动数据，为用户提供个性化、科学化的健身训练。

1.智能跑步机

智能跑步机配备了传感器和显示屏等技术，可以实时监测用户的步数、速度、心率等数据。通过智能手机应用或电视屏幕上的界面，用户可以选择不同的跑步模式和强度，进行个性化的跑步训练。智能跑步机还可以与用户的健康监测器进行连接，将运动数据同步到健康管理平台，实现全面的健康管理和数据分析。智能跑步机还可以配备虚拟景观功能和音乐播放器，为用户提供更加有趣和愉悦的跑步体验。

2.智能健身车

智能健身车是一种集合了传感器和连接技术的健身设备。用户可以通过智能手机应用或电视屏幕上的界面选择不同的骑行模式和强度，进行个性化的健身训练。智能健身车可以实时监测用户的骑行数据，如速度、心率、消耗的卡路里等。同时，智能健身车还可以与用户的健康监测器进行连接，将运动数据同步到健康管理平台，提供全面的健康分析和建议。一些智能健身车还具备虚拟现实功能，让用户仿佛置身于不同的骑行场景中，增加骑行的乐趣和挑战。

3.互联网连接和数据分析

智能健身设备通过互联网连接和数据分析，为用户提供更加个性化和科学化的健身体验。它们可以将用户的运动数据同步到健康管理平台，进行全面的健康分析和建议。智能健身设备还可以与用户的健康监测器和智能家居系统进行连接，实现全方位的健康管理和数据共享。这种互联网连接和数据分析的功能，使用户能够更好地了解自己的运动状况、调整训练计划，并获得更好的健身效果。

（二）健康监测器

健康监测器是智能家庭健身系统中的重要组成部分，包括智能手环、智能手表、智能体脂秤等设备。它们可以实时监测用户的心率、睡眠质量、血压、血氧饱和度等健康指标，并将数据同步到智能手机应用或电视屏幕上的健康管理平台。

1.智能手环

智能手环是一种佩戴式的健康监测器，具有轻便、舒适的特点。它通过内置传感器实时监测用户的心率、步数、睡眠质量等健康数据，并将这些数据通过蓝牙连接同步到智能手机应用。用户可以通过查看手机应用上的界面，了解自己的运动情况和睡眠质量，并根据需要进行相应的调整和改善。

2.智能体脂秤

智能体脂秤通过采用生物电阻抗测量技术，可以准确测量用户的体重、体脂率、肌肉质量等数据。它可以将这些数据通过蓝牙连接同步到智能手机应用或电视屏幕上的健康管理平台。用户可以通过查看应用程序上的界面，了解自己的体重变化、体脂率以及其他相关数据，并根据需要进行相应的调整和改善。

3.健康数据分析和建议

健康监测器不仅可以实时监测用户的健康指标，还可以通过健康管理平台对这些数据进行分析，并提供相应的建议和反馈。用户可以通过智能手机应用或电视屏幕上的界面查看健康报告，了解自己的健康状况并根据需要进行调整和改善。一些健康监测器还具备个性化的提醒功能，可以定时提醒用户进行运动、喝水、休息等，帮助用户养成良好的健康习惯。

第三节　公共设施领域的应用案例

一、智能停车系统

随着城市化进程的加快和私家车数量的增加，停车问题成为一个日益突出的城市难题。传统的停车方式往往存在停车位不足、停车费用不透明以及停车管理不便等问题。而智能停车系统通过引入先进的技术和智能化的控制系统，可以实现停车资源的有效利用、自动化的停车流程以及智能化的停车管理。

（一）自动寻位导航

智能停车系统的自动寻位导航功能通过无线通信和定位技术，可以帮助驾驶员快速找到可用的停车位，提供便利的停车体验。在大型购物中心或机场停车场等公共设施中，智能停车系统使用车载设备或手机应用程序，提供实时的停车位信息和导航功能，引导驾驶员准确地找到可用的停车位。

智能停车系统通过使用无线通信技术，将停车位的实时状态传输至云端服务器。这些停车位的状态可以包括是否已占用、剩余时间以及位置等信息。接下来，驾驶员可以通过车载设备或手机应用程序查询附近停车位的实时状态。该应用程序会根据驾驶员当前位置提供最近可用的停车位信息，并通过导航功能指导驾驶员前往目标停车位。

在导航过程中，智能停车系统会根据实时交通状况和停车位的可用性，为驾驶员提供最佳的路径规划。这可以减少驾驶员在停车场内寻找空位的时间和烦恼，提高了停车效率和用户体验。智能停车系统还可以提供停车位的详细信息，例如停车位的大小、离出入口的距离以及是否有充电设施等，帮助驾驶员选择适合自己需求的停车位。

（二）自动缴费系统

智能停车系统的自动缴费系统通过引入自动缴费设备、车牌识别和无线支付等技术，实现了停车缴费的无人值守。传统的停车方式需要驾驶员在离开停车场时到收费亭进行人工缴费，存在费用结算不便捷和排队等待的问题。而智能停车系统则提供了更加高效和便利的自动缴费功能。

智能停车系统使用车牌识别技术，自动记录驾驶员进入停车场的时间。当驾驶员准备离开时，系统会再次扫描车牌并计算停车时间。这样可以确保停车费用的准确计算。

接下来，智能停车系统通过无线通信技术与驾驶员的手机应用程序或绑定的支付账户相连接。在驾驶员准备离开停车场时，系统会自动根据停车时间和费率计算出应付的停车费用，并将费用信息发送给驾驶员的手机应用程序。

驾驶员可以通过手机应用程序查看停车费用，并选择合适的支付方式进行缴费。智能停车系统支持各种无线支付方式，如支付宝、微信支付、银联等，以及信用卡等其他电子支付方式。驾驶员可以选择最便捷和安全的支付方式，完成缴费过程。

一旦驾驶员完成支付，系统会自动记录缴费信息，并通过车牌识别系统将该车辆标记为已缴费状态。这样，在离开停车场时，系统会自动扫描车牌并验证是否已缴费。如已缴费，则自动抬杆放行；如未缴费，则发出提示并要求驾驶员进行缴费。

智能停车系统的自动缴费系统极大地提高了缴费的效率和用户体验。驾驶员不再需要在收费亭排队等待，避免了人工收费带来的延误和不便。同时，自动缴费系统也提高了缴费的准确性，避免了因人为错误导致的费用争议。

（三）实时停车监控

智能停车系统的实时停车监控功能通过使用摄像头和传感器等设备，可以实时监控停车场内的停车情况，并提供实时的停车位信息和安全监控。这项技术在停车楼或停车场等公共设施中发挥着重要的作用。

智能停车系统安装摄像头来监控停车场的入口、出口以及各个停车位的状况。这些摄像头可以实时拍摄停车场内的图像，并将视频信号传输至监控中心或云端服务器进行处理。

系统可以通过图像识别和分析算法来自动检测停车场内的停车位占用情况。通过对图像进行处理和分析，系统能够准确地判断停车位是否被车辆占用，以及停车位的空闲状态。驾驶员可以通过手机应用程序查询附近停车位的实时状态，知道哪些停车位是可用的。

智能停车系统还可以通过传感器等设备来监测停车场内的异常事件。例如，当有车辆非法停放、发生碰撞事故或其他异常行为时，系统会自动发出警报并通知相关人员进行处理。这样可以提高停车场的安全性，实现及时处理各类问题，维护停车场的秩序和安全。

通过实时停车监控功能，智能停车系统不仅可以提供驾驶员所需的停车位信息，还可以帮助停车场管理人员更好地管理停车资源，优化停车流程。同时，它也为停车场的安全性提供了一定的保障，降低了非法行为和事故发生的可能性。

智能停车系统的应用可以在各类公共设施中发挥重要作用，提高了停车效率，改善了停车环境和用户体验。随着技术的不断创新和智能化水平的提高，智能停车系统将在未来得到更广泛的应用，并为城市交通管理带来更多的便利和效益。

二、智能公共交通系统

智能公共交通系统是智能电气设备在城市交通领域的重要应用之一。该系统通过引入智能票务系统、车辆监控系统和乘客信息管理系统等技术，提升了公共交通的效率、安全性和用户体验。

（一）自动售票系统

智能公共交通系统的自动售票系统通过引入自动售票机和刷卡设备等技术，实现了快速、便捷的乘车方式，改善了传统公共交通票务系统存在的排队等待和票务管理不便的问题。

自动售票机是智能公共交通系统中常见的设备之一。在地铁站、公交车站或轻轨站等出入口处，安装有自动售票机供乘客购买车票。乘客可以选择目的地、乘车类型和票价等信息，然后使用现金、银行卡或移动支付等方式进行支付，从而获得有效的车票。这样的自助售票方式不仅减少了人工售票的需求，还提高了购票效率，减少了排队等待的时间。

刷卡设备也是智能公共交通系统的重要组成部分。乘客可以使用智能卡或手机移动支付应用程序进行刷卡进站。当乘客进入车站时，只需将智能卡或手机靠近刷卡设备，系统即可自动扣除相应的车费，并记录进站时间。这种无需排队购票的进站方式极大地提高了乘车效率和用户体验，减少了因排队等待而导致的拥堵。

自动售票系统还可以提供多种购票方式和服务。乘客可以通过手机应用程序预订车票、查询时刻表和票价信息，甚至进行座位选择。这些便捷的服务使乘客能够提前规划行程、准确了解相关信息，从而更加方便地使用公共交通系统。

智能公共交通系统的自动售票系统极大地提高了乘车效率和用户体验。乘客无需排队购票，可以刷卡快速进入车站，节省了时间和精力。同时，自动售票系统也减少了人为错误和舞弊的可能性，提高了票务管理的准确性和安全性。

（二）车辆监控系统

智能公共交通系统的车辆监控系统通过在车辆上安装摄像头和传感器等设备，实时监控车内的人数、行为以及车辆运行状况，以确保乘客的安全和秩序。这项技术在公共交通领域发挥着重要的作用。

车载摄像头是车辆监控系统中的关键组成部分。摄像头可以实时拍摄车内的图像，并将视频信号传输至监控中心或云端服务器进行处理。通过摄像头，系统可以监测乘客的行为举止，例如检测是否有人滞留在车门附近、是否有违规行为或异常事件发生。一旦发现异常行为，系统会自动发出警报并通知相关人员进行处理，以确保乘客的安全和秩序。

车辆监控系统还可以通过传感器检测车辆的运行状态，提供实时的车辆信息和故障诊断。传感器可以监测车辆的速度、加速度、制动情况等参数，以及车辆的电池电量、轮胎压力等其他信息。通过实时监测和数据分析，系统可以及时发现车辆的异常情况，如故障、事故或其他运行问题，并提供相应的警报和报警信息。这样可以保证公共交通的安全性和可靠性，提高车辆的运行效率和维护管理的效果。

车辆监控系统的实时监测功能不仅有助于确保乘客的安全和秩序，还能提供有效的事件记录和证据，在事故调查和纠纷处理等方面具有重要作用。当发生事故或纠纷时，监控系统可以提供相关的视频和数据，帮助调查人员准确了解事发经过和进行责任分配。

随着技术的不断创新和发展，车辆监控系统将进一步完善。例如，结合人工智能和机器学习算法，系统可以更精确地识别和分析车内行为，提供更准确和实用的监控结果。车辆监控系统还可以与其他智能设备和系统进行集成，如紧急呼叫系统、自动驾驶技术等，进一步提升公共交通的安全性和便捷性。

（三）乘客信息管理系统

智能公共交通系统的乘客信息管理系统通过引入先进的技术和数据分析，为乘客提供实时的乘车信息和优化的路线规划，提升了公共交通的便捷性和用户体验。

乘客信息管理系统可以通过显示屏或手机应用程序等，提供实时的列车或公交车到达时间。在地铁站或公交车站，乘客可以通过显示屏查询下一班车的预计到达时间，避免了在站台等待的不便。乘客还可以通过手机应用程序随时查询实时车辆位置和到达时间，根据准确的信息合理安排出行时间，提高乘车效率。

乘客信息管理系统还可以根据乘客的目的地和出行需求，提供最佳的换乘方案和路线规划。通过收集和分析大量的交通数据、乘车需求以及交通状况等信息，系统可以实时计算并推荐最佳的换乘路线和方案。乘客可以通过手机应用程序查询最佳的乘车路线，包括地铁、公交、步行等多种交通方式，选择最适合自己的出行方案，提高出行效率和便利性。

（四）电子支付与智能卡管理

智能公共交通系统的电子支付与智能卡管理技术为乘客提供了便捷的支付方式和乘车管理服务，极大地提高了乘车的便利性和效率。

通过引入智能卡作为支付工具，乘客可以使用智能卡进行刷卡乘车。在地铁、公交车或轻轨等公共交通工具上，乘客只需将智能卡靠近读卡器，系统即可自动扣除相应的车费。这种刷卡乘车方式避免了现金支付的麻烦和找零的问题，使乘车更加快捷和便利。

智能卡还可以用于其他公共设施的付款。例如，乘客可以使用同一张智能卡在停车场结算停车费用，无需再使用现金或其他支付方式。智能卡还可以用于自行车租赁、图书馆借阅、购物消费等各类公共设施的支付，实现了一卡通的便捷服务。

电子支付与智能卡管理技术不仅方便了乘客的支付过程，还提升了乘车管理的效率和准确性。通过智能卡管理系统，可以对乘客的乘车信息进行记录和管理，包括乘车次数、消费金额等。这样可以为乘客提供个人乘车数据的查询和统计，方便进行费用管理和报销。

智能卡还具备一定的安全性和防伪功能。智能卡内置芯片可以存储和加密乘客的个人信息和支付数据，确保支付过程的安全性和可靠性。同时，智能卡还可以设定密码或指纹识别等身份验证方式，增加了支付的安全性和防止了被盗刷的风险。

随着技术的不断发展，电子支付与智能卡管理技术将进一步完善。例如，引入更先进的支付技术，如近场通讯（NFC）技术，乘客只需将智能手机或手环等设备靠近读卡器即可完成支付。智能卡管理系统还可以与其他智能设备和系统进行集成，实现更多元化的支付方式和服务。

第十二章　智能电气设备的环境保护与可持续发展

第一节　节能技术在智能电气设备中的应用

一、高效节能的电子元器件

智能电气设备作为现代化生活的重要组成部分，对能源的消耗量越来越大。为了应对能源紧缺和环境污染等问题，提高智能电气设备的能效已经成为一个重要的目标。而其中，采用高效节能的电子元器件是实现节能目标的重要途径之一。

（一）高效节能的电源模块

电源模块是智能电气设备中至关重要的组成部分，它提供所需的稳定电压和电流。采用高效节能的电源模块可以降低能源消耗，并提高设备的整体能效。以下是几种常见的高效节能电源模块：

1.功率因数校正（PFC）技术

传统电源模块在变压器输入侧通常存在较大的谐波电流，这会导致电网谐波污染和能源浪费。而采用 PFC 技术可以通过电流形状修正，使得电源模块具有更高的功率因数和更低的谐波含量，从而降低能耗并减少对电网的负荷。

2.高效率的开关电源

传统线性电源转换效率较低，能量损耗大。而采用高效率的开关电源可以将输入电压调整到合适的电平，并通过开关器件进行高频开关，从而提高电源的利用率。开关电源还可以根据负载需求进行动态调整，进一步提高能源利用效率。

（二）高效节能的驱动器

驱动器是智能电气设备中控制电机运行的重要组成部分。采用高效节能的驱动器可以降低能源消耗，并提高设备的整体性能。以下是几种常见的高效节能驱动器：

1.变频器

传统的固定频率驱动方式在负载需求变化时会造成能量的浪费。而采用变频器可以根据实际负载需求调整电机的转速和输出功率，从而避免不必要的能量损耗。变频器还可以通过电流矢量控制等技术手段提高电机的运行效率，进一步降低能耗。

2.无刷直流电机（BLDC）驱动器

传统的交流感应电机存在定子铜损和旋转部件的摩擦损耗等问题。而采用无刷直流电机可以避免这些损耗，并提高电机的效率。无刷直流电机驱动器还具有高速调节响应、快速启停和低噪音等优点，适用于各种智能电气设备。

（三）其他高效节能的电子元器件

除了电源模块和驱动器外，还有许多其他高效节能的电子元器件在智能电气设备中得到广泛应用：

1.高效 LED 照明模块

传统的白炽灯和荧光灯存在较大的能量损耗和寿命短等问题。而采用高效 LED 照明模块可以将电能转化为可见光的效率提高到更高水平，同时具有更长的使用寿命和更低的功耗。

2.高效电容器和电感器

电容器和电感器是智能电气设备中常用的能量存储和转换元件。采用高效节能的电容器和电感器可以减少能量的损耗，并提高设备的能效。例如，采用低内阻和低损耗材料制造的电容器和电感器可以降低功率损耗和热量产生。

3.智能感知元件

智能电气设备中的传感器和控制芯片等智能感知元件可以实时监测和控制设备的工作状态。通过精确的数据采集和智能算法的处理，可以实现更精细的能量调节和优化控制，从而提高设备的能效。

二、能源回收与利用

能源回收与利用是指将原本被浪费的能量重新利用起来，以实现能源的高效利用。在智能电气设备中，常见的能源回收与利用技术包括余热回收、光伏发电、风能回收等。这些技术通过将废弃的能量转化为电能或热能，并用于其他设备的供电或加热，从而降低对传统能源的依赖并提高能源利用率。

（一）余热回收技术

在工业制造过程中，许多设备会产生大量的废热，这些废热通常被直接排放到大气中，造成了能源的浪费和环境的污染。而余热回收技术可以将这些废热转化为电能或热能，用于供电或加热其他设备。以下是几种常见的余热回收技术：

1.蒸汽涡轮发电

在工业生产过程中，许多工艺会产生大量高温高压蒸汽。通过将这些蒸汽导入涡轮机组，驱动涡轮旋转并带动发电机发电，可以实现废热的回收利用。这种技术可以有效地将热能转化为电能，提高能源利用效率。

2.废气热交换器

在燃烧或其他工业过程中，产生的废气通常具有较高的温度。通过安装废气热交换器，将废气中的热量传递给冷却介质，如水或空气，可以回收废气中的能量。这种技术可以用于供暖、制冷或其他需要热能的应用，减少能源消耗。

3.余热吸附制冷

在一些工业过程中，产生的废热可以被用于驱动吸附制冷系统，实现制冷效果，并提供制冷需求，从而实现能源的回收利用。吸附制冷利用了物质吸附和解吸时放热、吸热的原理，可以在废热的作用下实现制冷效果，减少电力消耗。

这些余热回收技术都能够有效地利用工业生产或其他过程中产生的废热能，提高能源利用效率，减少对传统能源的依赖，从而降低能源成本和环境影响。

（二）光伏发电技术

光伏发电技术将太阳光的能量转化为电能，是一种清洁、可再生的能源利用方式。在智能电气设备中，光伏发电技术可以通过安装太阳能电池板收集太阳能，并将其转化为直流电。这些直流电可以直接供应给智能电气设备，也可以通过逆变器转化为交流电供给智能电气设备。光伏发电技术的应用可以降低对传统能源的依赖，减少温室气体的排放，从而实现环境友好型的能源回收与利用。

（三）风能回收技术

风能是另一种常见的可再生能源，通过风力发电技术可以将风能转化为电能。在智能电气设备中，风能回收技术可以通过安装风力发电机组，将风的动能转化为旋转的机械能，然后通过发电机转化为电能。这些电能可以直接供应给智能电气设备，或者存储起来以备不时之需。风能回收技术的应用不仅可以提高能源利用率，还可以减少对传统能源的消耗，实现绿色环保的能源回收与利用。

（四）其他能源回收与利用技术

除了余热回收、光伏发电和风能回收技术外，还有其他一些能源回收与利用技术在智能电气设备中得到应用：

1.振动能量回收

智能电气设备在运行过程中会产生振动能量。通过采用振动能量回收装置，可以将这些振动能量转化为电能，供应给设备的其他部分使用。这种技术常用于移动设备或传感器，通过捕捉和转换振动能量，延长设备的续航时间。

2.压力能量回收

在一些流体系统中，存在压力能的浪费。通过安装压力能量回收装置，可以将这些压力能转化为电能或机械能，实现能源的回收利用。例如，在水力发电站中，通过引导和控制水流，将其压力能转换为旋转轴的动能，驱动发电机发电。

3.热泵技术

热泵技术可以将低温的热能转移到高温环境中，从而实现能量的回收利用。在智能电气设备中，热泵技术可以用于捕捉并回收废热，并将其转化为供电或加热所需的能量。例如，将设备产生的废热利用热泵技术进行回收，提供其他部分的电力需求或加热空间。

这些能源回收与利用技术在智能电气设备中的应用有助于提高能源利用效率、延长设备的续航时间，并减少对传统能源的依赖。它们在促进可持续发展、节能减排方面具有重要意义。

三、智能监测与管理

智能监测与管理是指通过安装传感器和监测装置，在智能电气设备中实时监测设备的工作状态和能耗情况，并借助智能算法和云平台进行数据分析、优化控制和管理。这样可以帮助用户更好地了解设备的能源消耗情况，发现潜在的能耗问题，并采取相应的措施进行调整和改进，以达到节能的目的。

（一）实时能耗监测

智能电气设备中安装的传感器和监测装置可以实时监测设备的能耗情况。通过获取实时数据，用户可以了解设备在不同工作状态下的能源消耗情况，并对其进行分析和比较。这样可以帮助用户发现能耗异常或高能耗设备，并及时采取措施进行调整和优化，以降低能源消耗。

（二）智能优化控制

借助智能算法和云平台的支持，智能电气设备可以实现智能优化控制。根据设备的实时数据和环境条件，智能控制系统可以进行智能调节和优化，以最大限度地降低能源消耗。例如，在建筑物的智能照明系统中，通过感应器、光敏传感器和人体红外传感器等设备的联动控制，可以根据实际需要调整照明亮度和开关状态，从而避免能源的浪费。

（三）故障检测与诊断

智能监测与管理技术还可以帮助检测设备的故障并进行诊断。通过对设备的实时数据进行分析，可以及时发现设备运行异常或故障，并通过云平台发送警报信息。这样可以及时采取维修措施，避免能源的浪费和设备的损坏，提高设备的可靠性和稳定性。

第二节　环境友好材料的研发与应用

随着全球环境问题的日益突出、环保意识的提升和可持续发展理念的普及，电气设备领域的环境友好材料的研发与应用显得尤为重要。

一、环境友好材料的定义与特点

环境友好材料是指在生产、使用和废弃过程中对环境无害或者对环境影响较小的材料。这些材料通常具有以下特点：

（一）低污染性

环境友好材料具有低污染性，在生产过程中能够减少或避免有害物质的排放，从而有效降低大气、水源和土壤的污染程度。这些材料通常采用绿色生产技术，包括使用可再生能源、循环利用废弃物和减少化学品的使用量等。通过采用环境友好材料，我们可以减少对环境的负面影响，保护生态系统的健康。

（二）节能性

环境友好材料具有良好的节能性，它们在生产、加工和使用过程中能够最大限度地减少能源消耗，并降低温室气体的排放量。这些材料通常具有优异的隔热性能、高效的能源利用率以及可再生的特性，可以有效地减少能源浪费和碳排放。

（三）可再生性

环境友好材料具有良好的可再生性，它们采用可再生资源进行制造，能够有效减少对非可再生资源的依赖，促进资源的循环利用。这些材料通常来源于生物质、太阳能、风能等可再生能源，具有可持续供应的特点。

（四）可降解性

环境友好材料具有良好的可降解性，它们在使用寿命结束后能够自然分解或通过环境友好的方式进行回收和处理，从而减少对环境的负面影响。这些材料通常采用可生物降解材料或可回收材料制造，有助于减少垃圾的产生和资源的浪费。

二、环境友好材料的研发方法

环境友好材料的研发是一个复杂而艰巨的任务，需要从多个方面入手，包括材料选择、制备工艺和应用测试等。以下是环境友好材料研发的主要方法：

（一）材料筛选

在环境友好材料的研发过程中，首先需要通过评估不同材料的环境性能和可持续性指标，选择具有较低环境影响的原材料作为研发对象。这个过程需要综合考虑材料的生产成本、资源利用率、生命周期评估等因素。例如，在选取金属材料时可以优先选择无毒、可回收的金属，避免使用对人体健康和环境有害的重金属材料。

（二）制备工艺改进

制备工艺对于材料的环境影响至关重要。通过优化现有的材料制备工艺，可以减少能源消耗和污染物排放，提高材料的纯度和性能。例如，在化学合成过程中可以采用绿色催化剂替代有毒的催化剂，减少废弃物的生成；在能源消耗方面，可以引入节能技术，如高效反应器、能量回收系统等。

（三）探索新材料

除了对现有材料进行改进，还需要积极开展新型环境友好材料的研究。生物基材料、可降解塑料、无毒金属等新型材料被广泛探索，以满足不同领域对环保材料的需求。这些材料通常具有低碳排放、可再生性和可降解性等特点，可以有效减少对环境的负面影响。

（四）应用测试与验证

对于研发的环境友好材料，必须进行全面的应用测试和验证，评估其在实际环境中的可行性和性能。这包括材料的物理、化学、力学等性质的测试，以及在实际工程项目中的应用效果评估。只有经过充分的测试和验证，才能确保材料符合环保要求并能够稳定可靠地应用于实际生产中。

通过以上方法的综合应用，可以推动环境友好材料的研发。这将为各个领域提供更多选择，推动可持续发展，减少对自然资源的依赖，并减轻对环境的负面影响。同时，环境友好材料的研发也将促进相关产业的转型升级，推动经济的绿色发展。

三、环境友好材料在智能电气设备中的应用前景

智能电气设备作为现代社会中不可或缺的基础设施，对于环境友好材料的需求日益增长。以下是环境友好材料在智能电气设备中的应用前景：

（一）绿色能源装备

环境友好材料可以广泛应用于绿色能源装备，如太阳能电池板和风力发电装备等。通过采用环境友好材料制造这些设备，可以提高能源转换效率，减少对传统能源的依赖，促进可持续能源的发展。例如，使用具有较高光吸收率和稳定性的材料来制造太阳能电池板，可以提高太阳能的转化效率，实现更高效的能源利用。

（二）低功耗电子元件

环境友好材料可以用于制造低功耗的电子元件，如集成电路、电容器和传感器等。这些材料具有低电阻、高导电性和稳定性等特点，可以降低电子设备的能源消耗和碳排放。例如，采用具有较高载流子迁移率和较低电阻的材料来制造集成电路，可以降低电子设备的功耗，提高能源利用效率。

（三）高效节能照明设备

环境友好材料可以应用于 LED 照明设备中，以提高照明效果、延长使用寿命并减少能源消耗和光污染。使用环境友好材料制造的发光二极管，具有较高的发光效率、较长的使用寿命和较低的能源消耗。环境友好材料还可以用于制造 LED 封装材料和散热材料，提高 LED 照明设备的稳定性和散热效果。

（四）环保绝缘材料

环境友好材料可以应用于电气设备的绝缘材料中，以提高设备的安全性和可靠性，并减少对环境的污染。通过采用环保绝缘材料，如无卤素阻燃材料和生物基绝缘材料，可以减少有害气体和毒性物质的释放，在电气设备的运行过程中降低火灾风险和环境污染。

（五）可降解塑料包装

环境友好材料可以用于生产可降解的塑料包装材料，以减少塑料垃圾对环境的影响，并促进资源的循环利用。可降解塑料包装材料可以在一定条件下自然分解，减少对环境造成的长期影响。例如，生物基可降解塑料可以用于电气

设备的包装材料，不仅具有良好的保护性能，还能够减少塑料垃圾的产生，促进循环经济发展。

第三节　智能电气设备的循环利用与废弃处理

随着科技的不断进步和人们对节能环保意识的增强，智能电气设备在各个领域得到了广泛应用。但随之而来的是大量电子垃圾的产生，这给环境造成了巨大的压力。因此，对于智能电气设备的循环利用和废弃处理问题，需要我们认真思考和采取相应的措施。

一、智能电气设备的循环利用

（一）设备升级

设备升级是一种有效的循环利用方式，适用于老旧的智能电气设备。通过升级硬件或软件，可以延长设备的使用寿命，并提高其性能。这样做不仅有助于减少资源消耗，还能减少废弃物的产生。

在硬件方面，可以考虑替换设备中老化或故障的零部件，以恢复其正常运行。例如，更换电路板、处理器或存储器等组件，可以提升设备的性能和稳定性。或者安装新的接口或扩展槽，以支持更多的功能和外部设备的连接。

而在软件方面，通过更新操作系统、驱动程序和应用软件，可以改善设备的兼容性和功能性。新的软件版本通常会修复一些漏洞和错误，提供更好的用户体验和性能表现。还可以优化设备的能源管理，以降低能耗并延长电池寿命。

设备升级的好处不仅体现在延长设备使用寿命和提高性能上，还体现在节约成本上。相比于购买全新的设备，升级的投入较小，且能够继续利用原有的外壳和部分组件。这样不仅减少了废弃物的产生，还减少了对新设备的需求，从而降低了资源消耗和环境压力。

（二）二手交易

二手交易是一种有效的智能电气设备循环利用方式。当用户不再需要正常使用的智能电气设备时，可以选择将其进行二手交易。这样既延续了设备的使用寿命，也让其他人有机会以较低的价格购买到所需的设备。

二手交易有助于减少废弃物的产生和资源浪费。对于卖家而言，通过二手交易可以获得一定的经济回报，而设备则可以继续发挥作用。对于买家而言，可以实现以更低的价格获得高质量的智能电气设备，满足自己的需求。

进行二手交易时，有几个方面需要注意。卖家应该确保设备处于正常工作状态，并提供真实的设备信息。这样可以增加买家对设备的信任度，并确保买家可以正常使用设备。买家应该仔细检查设备的性能和外观，确认设备符合自己的需求，并避免购买存在问题的设备。

为了促进二手交易的顺利进行，有些平台或渠道专门提供二手设备的交易服务。这些平台可以提供安全可靠的交易环境，确保交易的公正性和买卖双方的权益。同时，一些智能电气设备制造商或经销商也提供设备回收和二手交易服务，以推动循环利用的实施。

要注意的是，在进行二手交易时，买家需要注意设备的质量和可靠性，避免购买到问题设备或假冒伪劣产品；卖家需要注意个人信息的保护，避免个人隐私泄露和欺诈行为。

（三）部件回收

当某些设备无法修复或不适合进行二手交易时，可以对其进行拆解，并回收其中可再利用的部件。经过检修和测试后，这些部件可以用于修复其他设备或进行新的生产，延续它们的使用寿命。

通过回收设备中的部件，可以有效地利用原有的资源，降低新部件的制造需求。这样不仅减少了对自然资源的依赖，还减少了能源和水等生产成本。同时，部件回收也减少了废弃物的数量，避免了对环境的进一步污染。

在进行部件回收时，需要采取一系列措施确保回收过程的安全性和有效性。设备应该由专业人员进行拆解，以避免损坏或丢失可回收的部件。回收的部件需要进行检修和测试，以确保其质量和性能符合要求。这可以通过清洁、修复或更换不良部件来实现。最后，回收的部件应妥善存放，并建立相应的管理系统，以便于后续的使用和分发。

部件回收可以应用于各种智能电气设备，例如计算机、手机、家电等。在回收过程中，一些常见的可再利用部件包括处理器、内存条、显示屏、键盘、电池等。这些部件经过检修和测试后，可以用于组装新的设备，或者作为备件进行维修。对于一些有特殊需求的用户或企业，回收部件为其提供了更加经济实惠的选择。

（四）资源回收

智能电气设备中包含许多有价值的金属和非金属资源，如铜、铝、塑料等。通过科学的回收处理，这些资源可以再次利用，减少对原始矿产资源的开采，从而降低环境负荷。

资源回收的过程通常包括几个关键步骤。需要对废弃设备进行分类和拆解。不同材质的部件和组件应该分开处理，以便更好地回收和利用；回收的材料需要进行处理和加工，以去除污染物和其他杂质。例如，塑料可以进行破碎、洗涤和粉碎，金属可以进行熔化、冶炼和提纯。经过处理的材料可以被重新利用，用于制造新的产品或进行其他生产活动。

资源回收减少了对原始矿产资源的需求。通过回收利用废弃设备中的材料，可以减少对矿石开采的压力，降低了能源消耗和环境破坏。资源回收还可以减少废弃物的产生。通过将废弃设备中的有价值材料重新利用，可以减少填埋和焚烧废物的数量，避免对环境造成进一步污染。

二、智能电气设备的废弃处理

（一）环保回收

环保回收是针对无法循环利用的废弃设备进行处理的一种重要方式。在处理过程中，应选择专业的回收机构来进行操作。这些机构会采用环保的处理方法，通过拆解、分类等步骤，对废弃设备进行资源回收和环境友好的处置。

环保回收机构会对废弃设备进行拆解。他们会对设备进行细致的分解工作，将其分解成不同的部件和材料。这有助于后续的分类和回收处理。拆解过程需要严格控制，以避免对环境和人体健康造成污染和危害。

回收机构会对拆解后的部件和材料进行分类。他们会根据材质、性能和可再利用性等因素，将部件和材料进行有效的分类。这有助于进一步的资源回收和再利用。例如，金属部件可以被集中回收和冶炼，塑料部件可以经过特殊处理再生利用。

在分类完成后，环保回收机构会进行资源回收和环境友好的处置。他们会运用适当的技术和设备，对回收的部件和材料进行再加工和利用。这包括对金属进行冶炼和提纯，对塑料进行再生制品的生产等。同时，他们还会采取必要的措施，确保回收过程符合环境保护要求，减少对环境的污染。

环保回收机构的工作不仅有助于资源回收，还可以避免废弃设备的随意丢弃和不当处理。通过专业的处理和处置，可以减少对自然资源的开采，降低能源消耗和环境压力。环保回收机构还扮演着监管和引导作用，确保回收过程的合规性和效果。

（二）有害物质处理

智能电气设备中可能含有一些有害物质，例如汞和铅等。在废弃处理过程中，我们必须非常重视这些有害物质的安全处理，以避免对环境和人体健康造成危害。

当我们面临废弃智能电气设备时，我们应该采取适当的措施来识别和分类有害物质。这可以通过与制造商合作、参考产品说明书或使用可靠的测试方法来实现。一旦确定了有害物质的存在，我们就能够制定相应的处理计划。

在处理有害物质时，我们需要遵循相关的法规和标准。这些法规和标准通常规定了如何安全地存储、运输和处置有害物质。我们应该确保使用符合要求的容器和包装材料，并选择经过许可的处理机构进行最终的废弃处理。

还应该关注有害物质的回收利用。有些有害物质可以通过特定的处理方法转化为无害物质或被回收利用。例如，汞可以通过专业的处理过程进行回收，而铅可以用于再生电池的制造。通过回收利用有害物质，不仅能减少对环境的污染，还能节约资源。

（三）宣传教育

为了提高公众对智能电气设备废弃处理的重要性的认识，我们需要加强相关知识的宣传教育，增强人们的环保意识，并引导更多人主动参与到循环利用和废弃处理的工作中。

可以通过各种媒体渠道，如电视、广播、互联网等，向公众传播有关智能电气设备废弃处理的知识。这些宣传活动可以包括宣传片、广告、文章等形式，以直观、生动的方式向公众介绍有害物质的危害、正确的废弃处理方法以及循环利用的好处等。

可以组织一些专题讲座、研讨会或培训班，针对不同群体进行智能电气设备废弃处理知识的传授。这些活动可以邀请专家学者、行业领域的从业人员等来分享他们的经验和观点，帮助公众更深入地了解废弃处理的重要性，并学习正确的处理方法。

还可以利用社区、学校和企业等场所，开展一些宣传活动和实践项目。例如，在学校中，可以组织废弃电子设备回收活动，让学生亲自参与，通过实践了解如何正确处理废弃电子设备；在企业中，可以开展废弃电子设备的回收和再利用项目，鼓励员工积极参与。

（四）政策支持

为了促进智能电气设备的循环利用和废弃处理，政府应该出台相关政策来鼓励和引导企业和个人参与其中。同时，政府还应加大对回收机构的监管力度，确保他们的操作符合环境保护要求。

政府可以制定法律法规，明确智能电气设备的废弃处理责任和义务。这些法律法规可以规定生产商在销售产品时需要承担相应的废弃处理责任，并设立相应的回收机制。政府还可以鼓励企业在产品设计阶段考虑可持续性和循环利用，推动绿色制造和绿色供应链的发展。

政府可以通过经济手段来激励企业和个人参与智能电气设备的循环利用和废弃处理。例如，政府可以提供税收优惠政策或补贴措施给予回收企业和个人一定的经济奖励，以鼓励他们积极参与废弃处理工作。政府还可以设立专项基金，用于支持智能电气设备的回收、再制造和资源利用项目。

政府还应加大对回收机构的监管力度，确保他们的操作符合环境保护要求。政府可以建立健全的认证和监测体系，对回收机构进行定期的审核和评估，确保其具备必要的资质和能力来进行废弃设备的处理工作。政府还应加强执法力度，打击非法回收和处理活动，维护市场秩序和公平竞争。

最后，政府还可以加强与国际组织、行业协会和非政府组织的合作，共同推动智能电气设备循环利用和废弃处理的工作。通过分享经验、技术和最佳实践，政府可以借鉴其他国家和地区的成功案例，提升自身的管理水平和能力。

参考文献

[1]李海峰,崔积华,朱林林,等. 基于无线传感网络的电气设备温度智能监测系统[J]. 自动化技术与应用, 2024(1): 56-60.

[2]王凯,孙义杰. 电力系统电气设备故障自动化智能监测技术[J]. 现代计算机, 2023(22): 35-37,82.

[3]吕文渊. 智能传感器在电气设备监测中的应用[J]. 电子技术, 2022(4): 109-111.

[4]韩宝珠. 自动化控制中的人工智能技术应用[J]. 集成电路应用, 2021(11): 274-275.

[5]徐达军. 现代雷电防护技术在智能建筑工程中的应用[J]. 绿色环保建材, 2021(9): 169-170.

[6]周俊杰,顾天逸,刘嘉雯. 智能变电站的设备维护与安全分析[J]. 电子技术, 2021(8): 190-191.

[7]邹磊,陈伟利,王亚娟,等. 智能节能控制系统管理软件功能的设计[J]. 科学技术创新, 2021(24): 193-194.

[8]吕佳育. 信息通信技术在智能电网中的应用[J]. 光源与照明, 2021(3): 51-52.

[9]谢辰子. 电子设备智能故障诊断技术研究[J]. 中国设备工程, 2021(3): 154-155.

[10]王建雄. 计算机在检测设备自动化方面的应用[J]. 计算机产品与流通, 2020(5): 5.

[11]吴英夫. 基于以太环网的智能建筑电气设备控制系统研究[J]. 电工技术, 2020(6): 8-11,21.

[12]魏超. 电气自动化技术中智能技术应用研究[J]. 福建茶叶, 2020(1): 182-183.

[13]刘杰. 智能电气系统中自动化技术的应用[J]. 电子技术与软件工程, 2019(16): 152-153.

[14]季琛. 电气自动化技术在生产运行电力系统中的运用[J]. 科学技术创新, 2019(11): 162-163.